PySpark 机器学习、自然语言处理与推荐系统

[印] 普拉莫德·辛格(Pramod Singh) 著

蒲 成 译

清华大学出版社

北 京

Machine Learning with PySpark: With Natural Language Processing and Recommender Systems

Pramod Singh

EISBN：978-1-4842-4130-1

图书在版编目(CIP)数据

PySpark 机器学习、自然语言处理与推荐系统 / (印)普拉莫德•辛格 著；蒲成 译.
—北京：清华大学出版社，2020（2022.5重印）

书名原文：Machine Learning with PySpark: With Natural Language Processing and Recommender Systems

ISBN 978-7-302-54090-8

Ⅰ．①P… Ⅱ．①普… ②蒲… Ⅲ．①机器学习 ②自然语言处理 Ⅳ．①TP181 ②TP391

中国版本图书馆 CIP 数据核字(2019)第 241996 号

责任编辑：王　军
装帧设计：孔祥峰
责任校对：成凤进
责任印制：朱雨萌

出版发行：清华大学出版社
　　　　网　　　址：http://www.tup.com.cn，http://www.wqbook.com
　　　　地　　　址：北京清华大学学研大厦 A 座　　　　邮　　编：100084
　　　　社 总 机：010-83470000　　　　　　　　　　邮　　购：010-62786544
　　　　投稿与读者服务：010-62776969，c-service@tup.tsinghua.edu.cn
　　　　质 量 反 馈：010-62772015，zhiliang@tup.tsinghua.edu.cn
印 装 者：三河市少明印务有限公司
经　　　销：全国新华书店
开　　　本：170mm×240mm　　　印　　张：10.75　　　字　　数：235 千字
版　　　次：2020 年 1 月第 1 版　　　印　　次：2022 年 5 月第 3 次印刷
定　　　价：59.00 元

产品编号：084081-01

译 者 序

随着人工智能的兴起，与之相关的知识和技术越来越受大众所关注，神经网络、机器学习、深度学习、自然语言处理等专业术语也开始为大家所广泛探讨。现在市面上可用的大数据处理分析甚或人工智能框架很多，所以对于刚入门或者想要入门的新手而言，选择一款合适的框架作为起步学习之用是非常重要的。

作为目前处理和使用大数据的使用最广泛的框架之一，Spark 已经被各大企业投入实际应用中。Spark 是在 Scala 中设计的，以强大的处理速度和缓存能力见长，不过对于程序员来说，考虑到语法和标准库，Python 相对来说更容易学习，而且 Python 是数据分析、机器学习等方面使用最广泛的编程语言之一。因此，为了支持 Spark 和 Python，Apache Spark 社区发布了 PySpark，也就是说，PySpark 是 Spark 的 Python Shell。

本书首先将介绍机器学习和 Spark，然后会结合大数据进一步详细讲解机器学习，进而通过示例展示如何使用 PySpark 构建推荐系统和 NLP。虽然是一本与机器学习有关的专业技术书籍，但本书内容浅显易懂，对于刚开始接触 PySpark 并且想要系统地理解 PySpark 基础知识结构以及相关算法的读者而言，本书将会是很好的入门指南。

本书不仅涵盖与 PySpark 组件相关的知识，比如数据获取、数据处理和数据分析等，还讲解如何使用 PySpark 构建基础的机器学习算法和模型。相信在阅读完本书后，读者将获悉如何将 PySpark 用于工作实践之中，并且可以用来构建专业的人工智能应用。

在此要特别感谢清华大学出版社的编辑们，在本书翻译过程中他们提供了颇有助益的帮助，没有他们的热情付出，本书将难以付梓。

由于译者水平有限，难免会出现一些错误或翻译不准确的地方，如果读者能够指出并勘正，译者将不胜感激。

译者
2019 年 6 月

作者简介

　　Pramod Singh 是 Publicis.Sapient 公司数据科学部门的经理，目前正作为数据科学跟踪负责人与梅赛德斯奔驰的一个项目进行合作。他在机器学习、数据工程、编程，以及为各种业务需求设计算法方面拥有丰富的实践经验，领域涉及零售、电信、汽车以及日用消费品等行业。他在 Publicis.Sapient 主导了大量应对机器学习和 AI 的战略计划。他在孟买大学获得了电气与电子工程的学士学位，并且在印度共生国际大学获得了 MBA 学位(运营&财务)，还在 IIM – Calcutta(印度管理学院加尔各答分校)获得了数据分析认证。在过去八年中，他一直在跟进多个数据项目。在大量客户项目中，他使用 R、Python、Spark 和 TensorFlow 应用机器学习和深度学习技术。他一直是各重大会议和大学的演讲常客。他会在 Publicis.Sapient 举办数据科学聚合并且定期出席关于 ML 和 AI 的网络研讨会。他和妻子以及两岁的儿子居住在班加罗尔。闲暇的时候，他喜欢弹吉他、写代码、阅读以及观看足球比赛。

技术编辑简介

　　Leonardo De Marchi 拥有人工智能专业的硕士学位，并且曾经作为数据科学家服务于体育行业，客户包括纽约尼克斯队和曼联，也曾与 Justgiving 这样的大型社交网络进行过合作。

　　他如今是 Badoo 的首席数据科学家，Badoo 是拥有超过 3 亿 6 千万用户的全球最大交友网站。他也是 ideai.io 的首席执教官，ideai.io 是一家专门从事深度学习和机器学习训练的公司，并且是欧盟委员会的供应商。

致　　谢

在编写本书的过程中，如果没有一些人的帮助，那么本书将无法顺利付梓。在我的人生当中，我多次听到过"说易行难"这句话，在本书编写期间我真切地体会到了其中的含义。坦率地说，一开始我对于编写本书是非常有信心的，但实际上在编写期间，这件事开始变得困难起来。这真的很讽刺，因为在我思考内容时，我的脑海中是非常清晰的，不过当我开始动手在纸上写下这些内容时，突然就会开始感到困惑。在此期间我内心十分纠结，不过这段时期对我个人而言不仅仅是一次革新。首先，我必须感谢我生命中最重要的人——我挚爱的妻子 Neha，在此期间她给予我无私的支持，并且做出很多牺牲以确保我能完成本书的编写。

我想要感谢 Suresh John Celestin，他给予我充分的信任，并且为我提供编写本书的机会。Aditee Mirashi 是可以与之协作的最佳编辑之一。她给予我极大的支持，并且总是能够及时回应我的所有请求。试想一下，对于一个正编写自己第一本书的人而言，我必定有大量的问题想要咨询。我要特别感谢 Matthew Moodie，他专门花时间阅读了每一章的内容，并且提出了许多有意义的建议。谢谢 Matthew，我真的很感激。我希望感谢的另一个人是 Leonardo De Marchi，他耐心地检查了本书中的每一行代码，并且检查了每个示例是否恰当。谢谢 Leo，感谢你的反馈和鼓励。你的帮助对于我和这本书而言非常关键。我还想要感谢导师们，你们不断地推动着我追寻梦想。Alan Wexler、Dr. Vijay Agneeswaran、Sreenivas Venkatraman、Shoaib Ahmed 和 Abhishek Kumar，谢谢你们为我花费的时间和精力。

最后，我无比感激我的儿子 Ziaan 以及我的父母，他们给予我无尽的爱，并且无论环境如何，都给予我毫无保留的支持。与你们在一起才让我感受到生命如此美好。

前　　言

　　在开始编写本书之前，我曾经问过自己一个问题：是否有必要写一本关于机器学习的书？我的意思是，市面上已经有很多关于这一主题的书籍。为了找到答案，我花费了大量时间进行思考，不久之后，一些规律开始浮现在我的脑海中。目前关于机器学习的书籍都过于关注细节而缺乏一种顶层概览。这些书刚开始的内容真的很简单，不过几章之后，随着内容变得过于深入，就会让读者感到难以继续阅读下去。因而，读者就会由于放弃阅读而无法从书中汲取足够的知识。这就是我想要编写本书的原因，本书揭示使用机器学习的不同方式，虽然不会过于深入细节，不过也会让读者了解全新构建 ML 模型所需的完整方法论。另一个显而易见的问题就是：为何要使用 PySpark 进行机器学习？找到这个问题的答案并没有花费我太长时间，因为我是一位拥有实践经验的数据科学家并且非常清楚处理数据的人所面临的挑战。大多数的包或模块通常在使用方面都是受限的，因为它们在单台机器上处理数据。如果 ML 模型的目的不是处理大数据并且最终数据处理本身需要变得快速且可扩展，那么从开发环境迁移到生产环境会变成一场噩梦。出于所有这些原因，编写这本关于使用 PySpark 进行机器学习的书籍就是完全合理的，以便让读者能够理解从大数据角度使用机器学习的处理过程。

　　现在我来谈谈《PySpark 机器学习、自然语言处理与推荐系统》这本书的核心内容。这本书分为三大部分。第一部分将介绍机器学习和 Spark；第二部分会使用大数据详细讲解机器学习；第三部分会展示如何使用 PySpark 构建推荐系统和 NLP。这本书可能也与数据分析师和数据工程师有关，因为它还介绍了使用 PySpark 处理大数据的步骤。想要切入数据科学和机器学习领域的读者会发现本书更易于入门，并且后续能够逐步学习掌握更复杂的知识。书中的案例研究和示例会让本书内容以及基础概念的学习理解变得非常容易。此外，目前市面上关于 PySpark 的书籍非常少，而这本书必定会让读者汲取到一些新的知识。本书的优点在于，以浅显易懂的方式阐释机器学习算法，并且针对使用 PySpark 构建这些算法提供一种切实可行的方法。

　　我将自己的所有经验和所掌握的知识都融入本书之中，并且我认为它们确实与那些现在寻求应对实际挑战的企业紧密相关。我希望读者能从本书中汲取到一些有用的知识。

目　　录

第 1 章

数 据 革 命

在理解 Spark 之前，当务之急是要理解当今我们正在见证的数据洪流背后的原因。早些年代，数据是由员工生成或累积下来的，因此只有公司职员才会将数据输入系统中，并且这些数据点的范围都很窄，仅涉及一些领域。之后，互联网时代来临，每一个使用互联网的人都能轻易获取信息。如今，用户已经有能力输入和生成自己的数据了。这是一次巨大的转变，因为互联网用户的数量呈指数增长，并且由这些用户创造的数据增长量甚至更高。例如：登录/注册表单允许用户填写他们自己的详细信息，将照片和视频上传到各种社交平台，这就会产生海量的数据以及处理大量数据所需的快速且可伸缩的框架。

1.1 数据生成

如今，这些数据的生成已经增长到一个新的水平，因为许多机器都在产生和累积数据，如图 1-1 所示。我们周围的每一台设备都在捕获数据，例如汽车、建筑物、手机、手表、飞机发动机。这些设备都内置了多个监控传感器并且每秒都会记录数据。这部分数据的量级甚至比用户生成的数据还要高。

数据录入   用户输入数据   机器生成数据

图 1-1 数据革命

早些时候，当数据仍旧处于企业级应用时，关系型数据库就能够很好地应对系统需要了，但由于过去几十年中数据量呈指数增长，大数据的处理已经发生了一种结构性的变化，而这种变化正是由 Spark 的诞生而引发的。传统上讲，我们习惯于获取数据并且将它们放入处理器中以进行处理，不过现在，由于数据量过大，处理器已经无法应对了。目前，我们应用了多处理器机制来处理数据。这被称为并行处理，因为同一时间会在多个位置处理数据。

我们来看一个示例，以便理解并行处理这一概念。假设在某条高速公路上，只有一个收费站，而每一辆车都必须排成一行以便通过该收费站，如图 1-2 所示。如果平均每辆车需要花费 1 分钟通过该收费站，那么八辆车总共就需要 8 分钟，100辆车就需要花费 100 分钟。

总时长：8 分钟

图 1-2　单线程处理

但是想象一下，如果这条高速公路上有八个收费站而不是一个，并且车辆可以通过其中任意一个收费站进行收费，那么所有八辆车通过收费站的总时长只需要 1分钟就够了，因为其中没有依赖关系了，如图 1-3 所示，收费操作已经并行化了。

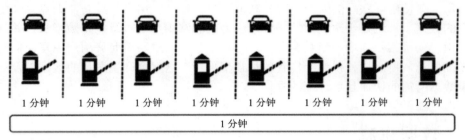

图 1-3　并行处理

并行或分布式计算遵循类似的原则，因为会并行处理任务并且在处理结束时聚积最终结果。Spark 是一个框架，它可以采用并行处理的方式高速应对海量数据，并且它是一种健壮的机制。

1.2　Spark

Apache Spark 源自 2009 年美国加州大学伯克利分校 AMPLab 的一个研究项目并且于 2010 年初开源，如图 1-4 所示。自那时以来，Spark 一直处于高速发展之中。2016 年，Spark 发布了用于深度学习的 TensorFrames。

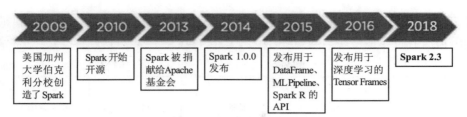

图 1-4 Spark 的发展历程

在底层，Spark 使用名为 RDD(Resilient Distributed Dataset，弹性分布式数据集)的一种独特的数据结构。弹性的含义在于，在执行处理期间，数据结构具有重建任意时点数据流的能力。因此，RDD 会使用最后一个时点的数据流创建一个新的 RDD，并且就算出现任何错误，也总是拥有重构的能力。它们是不可变的，因为原始的 RDD 会保持不变。Spark 由于是一种分布式框架，因此它是基于主节点和工作节点的设置来运行的，如图 1-5 所示。执行任意活动的代码一开始都是在 Spark 驱动程序上编写的，之后会共享到实际存留数据的各个工作节点。每个工作节点都包含一些执行器，它们将实际执行代码。集群管理器会持续检查各工作节点的可用性以便下一次分配任务。

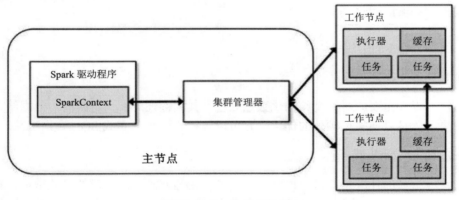

图 1-5 Spark 运行机制

Spark 大受欢迎的主要原因在于，它实际上非常适用于数据处理、机器学习以及流式数据；并且处理速度相对而言非常快，因为它所进行的都是内存中的计算。由于 Spark 是一种通用数据处理引擎，因此可以很容易地将其与各种数据源结合使用，例如 HBase、Cassandra、Amazon S3、HDFS 等。Spark 为用户提供了可在其上使用的四种语言选项：Java、Python、Scala 和 R。

1.2.1 Spark Core

Spark Core 是 Spark 最基础的组成部分，如图 1-6 所示，它是 Spark 高级功能特性的支柱。Spark Core 使得驱动并行和分布式数据处理的内存中计算成为可能。Spark 的所有特性都构建在 Spark Core 之上。Spark Core 负责任务管理、I/O 操作、容错以及内存管理等。

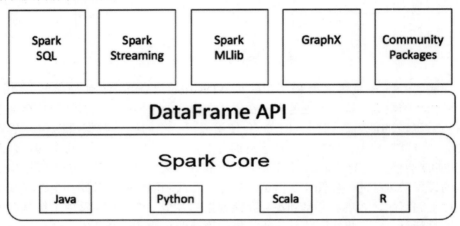

图 1-6　Spark 架构

1.2.2　Spark 组件

下面介绍 Spark 组件。

1. Spark SQL

这一组件主要应对的是结构化数据处理。其关键理念在于，获取与数据结构有关的更多信息以便执行额外的优化。它可以被视作一个分布式 SQL 查询引擎。

2. Spark Streaming

这一组件的任务是，以一种可伸缩且可容错的方式处理实时的流式数据。它使用小批量处理的方式读取和处理传入的数据流。它会创建小批量的流式数据、执行批处理，并且将之传递到一些文件存储或实时仪表盘。Spark Streaming 可以从多个源中摄取数据，例如 Kafka 和 Flume。

3. Spark MLlib

这一组件用于以分布式方式构建基于大数据的机器学习模型。当数据量很大时，使用 Python 的 scikit-learn 库构建 ML(机器学习，Machine Learning)模型的传统技术面临着极大挑战，而 Spark MLlib 旨在以大规模方式提供特征工程和机器学习。Spark Mllib 的大部分算法实现都是为了用于分类、回归分析、聚类分析、推荐系统和自然语言处理。

4. Spark GraphX

这一组件在图形分析领域和图形并行化执行方面表现得极为出色，可用于理解数据的内在关系以及可视化从数据中获得的见解。

1.3 设置环境

本节将介绍在系统中设置 Spark 环境。根据操作系统的不同，可以选择不同的选项以便在系统中安装 Spark。

1.3.1 Windows

需要下载的文件如下：
- Anaconda(Python 3.x)
- Java(如果未安装的话)
- 最新版本的 Apache Spark
- winutils.exe

1. 安装 Anaconda

从 https://www.anaconda.com/download/#windows 下载 Anaconda 发行版并且在系统中安装它。需要注意的一点是，在安装它时，需要启用将 Anaconda 添加到 PATH 环境变量的选项，这样 Windows 才能在启动 Python 时找到相关的文件。

安装好 Anaconda 后，可使用命令提示符并且检查 Python 在系统中能否正常运行。大家也可能希望通过输入以下命令来检查 Jupyter 记事本是否也开启了：

```
[In]: Jupyter notebook
```

2. 安装 Java

访问 https://www.java.com/en/download/link，下载并安装 Java 的最新版本。

3. 安装 Spark

在 D 盘创建一个名为 spark 的文件夹。访问 https://spark.apache.org/downloads.html 并且选择希望安装到系统中的 Spark 发行版本。选中 Pre-built for Apache Hadoop 2.7 and later 这一包类型选项。继续下一步并且将.tgz 文件下载到之前创建的 spark 文件夹中，然后提取所有文件。在此处可以看到，解压后会出现一个名为 bin 的文件夹。

下一步是下载 winutils.exe，为此需要打开 https://github.com/steveloughran/

winutils/blob/master/hadoop-2.7.1/bin/winutils.exe并且下载winutils.exe文件,然后保存到解压后的spark文件夹的bin子文件夹中(D:/spark/spark_unzipped/bin)。

现在你已经下载了所有需要的文件,接下来添加环境变量以便使用 PySpark。

单击 Windows 操作系统的"开始"按钮并且搜索 Edit environment variables for your account。继续为 winutils 创建一个新的环境变量并且为其指定路径。单击 New 按钮,创建一个名为 HADOOP_HOME 的新变量,然后在该变量的值占位符中输入 spark 文件夹的路径(D:/spark/spark_unzipped)。

对 spark 变量进行相同的处理,并且创建一个名为 SPARK_HOME 的新变量,然后在该变量的值占位符中输入 spark 文件夹的路径(D:/spark/spark_unzipped)。

接下来再添加两个变量,以便使用 Jupyter 记事本。创建一个名为 PYSPARK_DRIVER_PYTHON 的新变量,并且在该变量的值占位符中输入 Jupyter。再创建一个名为 PYSPARK_DRIVER_PYTHON_OPTS 的变量,并且在值占位符中输入 notebook。

在同一窗口中,查找 PATH 变量,单击 Edit 按钮,并将 D:/spark/spark_unzipped/bin 添加到其中。在 Windows 7 中,PATH 中的值之间需要使用分号来分隔。

还需要将 Java 添加到环境变量中。因此,创建另一个变量 JAVA_HOME,并且传入安装 Java 时的文件夹路径。

可以打开命令行窗口并且运行 Jupyter 记事本。

```
[In]: Import findspark
[In]: findspark.init()
[In]: import pyspark
[In]: from pyspark.sql import SparkSession
[In]: spark=SparkSession.builder.getOrCreate()
```

1.3.2   iOS

假设 Mac 上已经安装了 Anaconda 和 Java,那么我们可以下载最新版本的 Spark 并且保存到主目录中。

可以打开一个终端并且使用以下命令切换到主目录:

```
[In]: cd ~
```

将下载好的 Spark 压缩文件复制到主目录并且解压文件内容:

```
[In]: mv /users/username/Downloads/ spark-2.3.0-bin-hadoop2.7
/users/username
[In]: tar -zxvf spark-2.3.0-bin-hadoop2.7.tgz
```

验证是否具有 bash 配置文件.bash_profile：

```
[In]: ls -a
```

接下来编辑 bash 配置文件.bash_profile 以便我们可以在任意目录中打开一个 Spark 记事本。

```
[In]: nano .bash_profile
```

在 bash 配置文件.bash_profile 中粘贴以下代码行：

```
export SPARK_PATH=~/spark-2.3.0-bin-hadoop2.7
export PYSPARK_DRIVER_PYTHON="jupyter"
export PYSPARK_DRIVER_PYTHON_OPTS="notebook"
alias notebook='$SPARK_PATH/bin/pyspark --master local[2]'
[In]: source .bash_profile
```

现在，尝试在一个终端中打开 Jupyter 记事本并且引入 PySpark 以便使用它。

可以直接借助 Docker，通过来自 Jupyter 仓库的一个镜像来使用 PySpark，不过这要求系统中安装了 Docker。

Databricks 提供了一个社区版账户，它是免费的，并且提供了带有 PySpark 的 6 GB 集群。

1.4 小结

本章介绍了 Spark 架构及其各种组件，以及为了使用 Spark 而设置本地环境的各种方式。在后面几章中，我们将深入探讨 Spark 的各个方面，并使用 Spark 的这些功能构建机器学习模型。

■ ■ ■

第 2 章

机器学习简介

在我们刚出生时，我们无法做任何事情。那时我们甚至不能抬头，不过最终我们会开始学习所有的一切。最初我们都很笨拙，会犯许多错误，会跌倒，并且会经常磕到头，不过我们会逐渐学会坐、走、跑、写、说话。作为一种内在机制，我们无需大量示例就能学会一些东西。例如，仅通过观察路边的两三幢房子，我们就能轻易地学会如何区分出一幢房子。仅通过观察周围的几辆汽车和自行车，我们就可以轻易地区分出汽车和自行车。我们可以轻易地在猫和狗之间进行区分。虽然这对于我们人类而言似乎非常容易并且简单直观，但对于机器来说这就是一项艰巨的任务。

机器学习是一种机制，通过它我们可以尝试让机器进行学习，而无须为此进行明确编程。简单来说，我们要向机器展示大量猫和狗的图片，数量需要足够多，以便让机器学习两者之间的差异，并且正确识别新的图片。此处的问题可能是：为何需要如此多的图片来学习区分猫和狗这样简单的知识呢？机器所面临的挑战在于，它们能够仅仅从一些图片中学习整体模式或抽象特征；但它们需要足够多的示例(在某些方面有差异)来学习尽可能多的特征，以便能够做出正确的预测，而我们人类拥有这一惊人的能力，我们能够描绘出不同层次的抽象并且轻易地识别出物体。这个例子可能特定于图片识别这种情形，但对于其他应用场景也是适用的，机器需要大量的数据才能从中进行学习。

机器学习是过去几年中人们谈论最多的话题之一。越来越多的企业希望采用它来维持竞争优势；不过，只有非常少的企业真正具有适当的资源以及合适的数据。这一章将介绍机器学习的基本类型以及企业如何才能从机器学习的应用中受益。

互联网上充斥着大量关于机器学习的定义，不过如果尝试用简单的文字描述其定义的话，看起来就会像下面这样：

> 机器学习就是使用统计学并且有时也会使用高级算法来预测或学习数据中的隐藏规律，并且实质上替换基于规则的系统以便让数据驱动的系统变得更加强大。

下面详细探讨这一定义。顾名思义，机器学习就是让机器能够进行学习，不过让机器进行学习这个话题涉及许多组成部分。

其中一个组成部分就是数据，这是所有模型的支柱。机器学习要依靠相关的数据才能得以发展壮大。数据中的信号越多，预测就越准确。机器学习可以被应用到不同的领域，例如金融、零售、医疗健康和社交媒体。另一个组成部分就是算法。根据我们尝试解决的问题的性质，可以选择对应的算法。最后一个组成部分由硬件和软件构成。Spark 和 TensorFlow 这样的开源、分布式计算框架的发布，已经让大家能够更轻易地接触到机器学习。当场景受限并且所有的规则都可以手动配置以应对面临的情况时，就需要用到基于规则的系统了。最近，这种情况发生了变化，特别是场景。例如，过去数年，诈骗手法已经发生了明显的变化，因此为这样的情况创建人工规则实际上是不可能的。因此，机器学习就被应用到这样的场景中，它可以从数据中进行学习并且自动适应新的数据，以及做出对应的决策。对于每个人来说，这都已经被证明具有巨大的商业价值。

我们来看看机器学习及其用途的不同类型。可以将机器学习划分成四个主要类别：

- 有监督机器学习
- 无监督机器学习
- 半监督机器学习
- 强化学习

上述类别中的每一种都被用于特定的目的，并且这些类别所使用的数据也是不同的。归根结底，机器学习就是从数据中进行学习(历史数据或实时数据)并且基于模型训练来进行决策(离线或实时决策)。

2.1　有监督机器学习

这是机器学习的首要类别，它促成大量的应用并且带来了商业价值。在有监督学习中，要基于标注数据来训练模型。标注指的是在数据中使用正确的答案或结果。我们通过一个示例来阐述有监督机器学习。如果有一家金融公司希望在接受客户的贷款请求之前基于这些客户的资料对他们进行筛选，则可以基于历史数据来训练机器学习模型，这些历史数据中包含关于过往客户资料的信息，并且其中包含表明顾客是否存在贷款违约的标注列。表 2-1 中给出了类似的样本数据。

表 2-1　客户的详细资料(一)

客户 ID	年龄	性别	薪水(元)	贷款数量	工作类型	贷款违约
AL23	32	男	8000	1	固定工作	否
AX43	45	女	10500	2	固定工作	否
BG76	51	男	7500	3	自由职业	是

在有监督机器学习中,模型从训练数据中学习到的内容还有标签/结果/目标列,并且模型会使用该列对未知数据进行预测。在上面的示例中,年龄、性别和薪水这样的列被称为属性或特征,而最后一列(贷款违约)被称为目标或标签,也就是模型试图为未知数据进行预测的结果列。一条完整的具有所有这些值的记录被称为观察。模型需要足量的观察才能被训练出来,然后才能对相似类型的数据进行预测。在有监督机器学习中,至少需要一个输入特征/属性以及结果列来训练模型。机器能够从训练数据中进行学习的原因在于基本假设,也就是这些输入特征中的一些能够独立或联合起来对结果列(贷款违约)产生影响。

使用有监督机器学习设置的应用场景有很多,例如:

场景 1,某特定客户是否会购买产品?

场景 2,访问者是否会单击广告?

场景 3,某个人是否会拖欠贷款不还?

场景 4,某房产的预期销售价格是什么?

场景 5,某个人是否患上了恶性肿瘤?

以上就是有监督机器学习的一些应用场景,当然用途还有很多。根据模型试图预测的结果类型,使用的方法有时候也会不同。如果目标标签是类别类型,则需要借助分类范畴中的方法;如果目标特征是数值,则需要借助回归分析范畴中的方法。其中一些有监督 ML 算法如下:

- 线性回归
- 逻辑回归
- 支持向量机
- 朴素贝叶斯分类器
- 决策树
- 集成方法

有监督机器学习的另一个特性,就是可以评估模型的性能。基于模型的类型(分类/回归/时序),可以应用评估指标并且可以测量性能结果。这主要是通过将训练数据划分为两个集合(训练集和测试集)来实现的,也就是在训练集上训练模型,而在测试集上检测性能,因为我们已经知道测试集的正确标签/结果了。之后我们可以在超参数(后面几章将会介绍)中进行修改,或者使用特征工程引入新特性以便提升模型性能。

2.2　无监督机器学习

在无监督机器学习中，我们基于类似的数据种类来训练模型，只不过实际上数据集并不包含任何标签或结果/目标列。这实质上是基于没有任何正确答案的数据来训练模型。在无监督机器学习中，机器会尝试找出数据中的隐藏模式和有用信号，以便后续可用于其他应用。用途之一就是找出客户数据中的模式并且将客户分组成表示某些属性的不同集合，例如表 2-2 中的一些客户数据。

表 2-2　客户的详细资料(二)

客户 ID	歌曲流派
AS12	情歌
BX54	嘻哈
BX54	摇滚
AS12	摇滚
CH87	嘻哈
CH87	古典
AS12	摇滚

上述数据提供了客户及其喜欢的音乐类型，但是没有任何目标或结果列，仅仅包含客户及其音乐喜好。

我们可以使用无监督机器学习并且将这些客户分组成有意义的集合，以便相应了解与分组偏好和行为有关的更多信息。可能必须将数据集微调成其他形式以便实际应用无监督机器学习。只要获取每位客户的值计数即可，结果看起来就像表 2-3 所示。

表 2-3　客户的详细资料(三)

客户 ID	情歌	嘻哈	摇滚	古典
AS12	1	0	2	0
BX54	0	1	1	0
CH87	0	1	0	1

现在可以得出一些有用的用户分组，并且应用该信息来推荐和制定一条基于这些集合的策略。必然可以从中提取到的信息就是客户在音乐喜好方面的相似情况，并且可从内容角度进行标定。

图 2-1　应用无监督机器学习之后的集合

　　就像图 2-1 中一样，集合 A 可以由仅喜欢听摇滚乐的客户构成，而集合 B 可以由喜欢听情歌和古典音乐的客户构成，最后一个集合 C 可能由喜欢听嘻哈和摇滚乐的客户构成。无监督机器学习的另一个用途就是弄明白是否存在任何不同寻常的情况或者说异常情形。无监督机器学习有助于判定数据集中反常的人。大多数时候，无监督机器学习都会非常困难，因为没有清晰的分组或者多个分组之间存在重叠的值，而这样的情况无法提供集合的清晰关系结构。例如，如图 2-2 所示，数据中并没有清晰的分组，并且无监督机器学习无法帮助形成真正有意义的数据点集合。

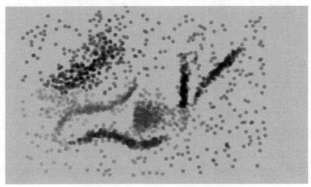

图 2-2　存在重叠部分的集合

　　有许多应用都使用了无监督机器学习设置，例如：

案例 1，总的客户资料库中有哪些不同的分组？

案例 2，这一事务是异常还是正常的？

无监督机器学习中使用的算法是：

● 聚类算法(K 均值、层次聚类)

● 维度降低技术

● 主题模型

● 关联规则挖掘

　　无监督机器学习的总体理念在于发现并且找出模式，而非进行预测。因此，无监督机器学习与有监督机器学习主要有两方面的差异。

● 无监督机器学习不需要标注的训练数据并且不提供预测。

● 无监督机器学习中模型的性能无法估算，因为没有标签或正确答案。

2.3　半监督机器学习

顾名思义，半监督机器学习介于有监督机器学习和无监督机器学习之间。实际上，它同时使用了这两种技术。这类机器学习主要与处理混合类型数据集的场景有关，其中同时包含标注和未标注的数据。有时候只有未标注的数据，不过我们会手动标注一部分数据。可以对这部分标注数据使用半监督机器学习来训练模型，然后使用模型标注其余部分的数据，之后这部分数据就可以用于其他用途了。这也被称为伪标注，因为标注的是未标注数据。举个简单的例子，社交媒体上有大量不同品牌的图片，并且其中大多数都没有被标注过。现在，使用半监督机器学习，我们可以手动标注其中一些图片，然后基于这些标注图片来训练模型。之后，使用模型预测来标注其余的图片，以便将未标注数据全部转换成标注数据。

半监督机器学习的下一步就是基于所有的标注数据集重新训练模型。提供的好处在于，现在模型是基于较大的数据集来训练的，而之前的模型则不是。因此，模型现在更为健壮并且能够更好地进行预测。另一个好处是，半监督机器学习可以节省大量的时间和精力，因为无须人工标注数据。这样做的缺点是，伪标注难以提供较高的性能，因为使用了一小部分标注数据来进行预测。不过，相比于手动标注数据，这仍旧是不错的选择，因为手动标注数据的成本非常高并且耗时也较长。

2.4　强化学习

这是最后一种机器学习类型，并且在数据使用及预测方面有一些不同之处。强化学习本身就是一个很大的研究领域，关于它可以写一本完整的书。因此，本书不会深入研究这一机器学习类型，因为本书的重点是使用 PySpark 构建机器学习模型。其他类型的机器学习与强化学习之间的主要区别在于，其他类型的机器学习需要数据(主要是历史数据)来训练模型，而强化学习是依托一套奖励系统来运行的，主要基于智能体为变更状态而执行某些操作，从而尝试最大化奖励来进行决策。接下来，我们使用一张可视化图表将强化学习分解成多个独立的要素，如图 2-3 所示。

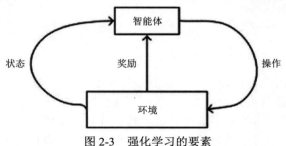

图 2-3　强化学习的要素

- 智能体：这是整个强化学习过程中的主要角色，负责执行操作。如果将整个过程看作一个游戏的话，那么智能体就要采取行动以便完成或达成最终目标。
- 操作：操作就是可能的步骤集合，智能体可以执行它们以便在任务过程中前行。每一个操作都会对智能体的状态产生一些影响，并且可以产生奖励或惩罚。例如，在网球游戏中，操作可能是发球、反击球、向左或向右移动，等等。
- 奖励：这是强化学习中取得进步的关键。奖励会让智能体根据得到的是奖励还是惩罚来执行操作。这是一种将强化学习和传统的有监督机器学习与无监督机器学习区分开来的反馈机制。
- 环境：这是智能体参与其中的领域。环境会决定智能体执行的操作到底是产生奖励还是惩罚。
- 状态：在任意指定时间点，智能体处于的位置会定义智能体的状态。为了前行或达成最终目标，智能体必须向正面方向持续变更状态，以便最大化获得的奖励。

强化学习的独特之处在于，它有一种反馈机制，会基于最大化总的奖励这一目标来驱动智能体的下一个行为。使用强化学习的其中一些突出应用包括自动驾驶汽车、能源消耗的优化以及游戏领域。不过，它也可以被用于构建推荐系统。

2.5 小结

本章简要介绍了不同类型的机器学习方法以及其中一些应用。后面几章将详细介绍使用 PySpark 进行有监督机器学习和无监督机器学习。

第 3 章

■ ■ ■ ■

数 据 处 理

本章会试着介绍使用 PySpark 处理和整理数据的所有主要步骤。虽然本章要处理的数据量相对较小，但使用 PySpark 处理大型数据集的步骤几乎仍旧是相同的。数据处理是执行机器学习所需的至关重要的步骤，因为我们需要对数据进行清洗、过滤、合并和转换，以便将它们整理为期望的格式，这样才能够训练机器学习模型。我们要充分利用多个 PySpark 函数来执行数据处理。

3.1　加载和读取数据

假设已经安装了 2.3 版本的 Spark，那么我们首先要导入并且创建 SparkSession 对象以便使用 Spark。

```
[In]: from pyspark.sql import SparkSession
[In]: spark=SparkSession.builder.appName('data_processing').
      getOrCreate()
[In]: df=spark.read.csv('sample_data.csv',inferSchema=True,
      header=True)
```

需要确保数据文件位于打开 PySpark 的那个文件夹，也可以指定数据驻留的文件夹路径以及数据文件的名称。可以使用 PySpark 读取多种数据文件格式。只需要将读取格式的参数更新为与文件格式(csv、json、parquet、table、text)保持一致即可。对于以制表符分隔的文件，需要在读取文件时传递一个额外参数以指定该分隔符(sep='\t')。将参数 inferSchema 设置为 True，以表明 Spark 将在后台自行推断数据集中值的数据类型。

上面的命令会创建一个具有样本数据文件中的值的 Spark DataFrame。我们可以将其视作具有列和表头信息的表格格式的 Excel 电子表格。现在，我们可以对这个

Spark DataFrame 执行多个操作。

```
[In]: df.columns
[Out]: ['ratings', 'age', 'experience', 'family', 'mobile']
```

可以使用 columns 方法[1]打印 DataFrame 中出现的列名列表。在输出结果中，示例 DataFrame 中有五列。要验证列的数量，可以直接使用 Python 的 len 函数。

```
[In]: len(df.columns)
[Out]: 5
```

可以使用 count 方法获得 DataFrame 中的记录总数：

```
[In]: df.count
[Out] : 33
```

示例 DataFrame 中共有 33 条记录。一贯的好做法是，在进行预处理之前打印出 DataFrame 的形状结构，这样就能看到总行数和总列数的提示了。Spark 中并没有任何直接的函数可用来检查数据的形状结构，因而我们需要将列的数量和长度结合起来以便打印出数据的形状结构。

```
[In]: print((df.count),(len(df.columns)))
[Out]: ( 33,5)
```

另一种查看 DataFrame 中列的方式就是使用 Spark 的 printSchema 方法，它会显示列的数据类型以及列名。

```
[In]:df.printSchema()
[Out]: root
 |-- ratings: integer (nullable = true)
 |-- age: integer (nullable = true)
 |-- experience: double (nullable = true)
 |-- family: double (nullable = true)
 |-- Mobile: string (nullable = true)
```

nullable 属性表明对应的列可以默认为 true 或 false，也可以按需修改列的数据类型。

下一个步骤就是提前看看 DataFrame 以便查看其中的内容。可以使用 Spark 的 show 方法来查看 DataFrame 的前几行。

1　在本书中，方法与函数的区别很小，有时会混合使用，读者不必过度区分。

```
[In]: df.show(5)
[Out]:
```

```
+-------+---+----------+------+-------+
|ratings|age|experience|family| mobile|
+-------+---+----------+------+-------+
|      3| 32|       9.0|     3|   Vivo|
|      3| 27|      13.0|     3|  Apple|
|      4| 22|       2.5|     0|Samsung|
|      4| 37|      16.5|     4|  Apple|
|      5| 27|       9.0|     1|     MI|
+-------+---+----------+------+-------+
only showing top 5 rows
```

这里仅仅显示了五条记录和全部的五列，因为我们在 show 方法中传入了 5 这个值。为了仅查看某些特定的列，必须使用 select 方法，例如仅查看两列(age 和 mobile)：

```
[In]: df.select('age','mobile').show(5)
[Out]:
```

```
+---+-------+
|age| mobile|
+---+-------+
| 32|   Vivo|
| 27|  Apple|
| 22|Samsung|
| 37|  Apple|
| 27|     MI|
+---+-------+
only showing top 5 rows
```

select 方法只会返回 DataFrame 中的两列和五条记录。本章在后续内容中将进一步持续使用 select 方法。接下来要使用的方法就是 describe，它用于分析 DataFrame。该方法会返回 DataFrame 中每一列的统计指标。在使用 describe 方法时，我们要再次使用 show 方法，因为 describe 方法会将结果作为另一个 DataFrame 返回。

```
[In]: df.describe().show()
[Out]:
```

```
+-------+------------------+----------------+-----------------+------------------+------+
|summary|           ratings|             age|       experience|            family|mobile|
+-------+------------------+----------------+-----------------+------------------+------+
|  count|                33|              33|               33|                33|    33|
|   mean|3.5757575757575757|30.484848484848484|10.303030303030303|1.8181818181818181|  null|
| stddev|1.1188806636071336| 6.18527087180309|6.770731351213326|1.8448330794164254|  null|
|    min|                 1|              22|              2.5|                 0| Apple|
|    max|                 5|              42|             23.0|                 5|  Vivo|
+-------+------------------+----------------+-----------------+------------------+------+
```

对于数值列，describe 方法在返回计数的同时还会返回中心和离散程度的指标。而对于非数值列，则会显示计数以及最小值和最大值，这些都是基于那些字段的英文字母顺序来排序的，不具有任何真实含义。

3.2 添加一个新列

可以使用 Spark 的 withColumn 函数为 DataFrame 添加一个新列。为了通过使用 age 列将一个新列(10 年后的年龄 age_after_10_yrs)添加到 DataFrame 中，只需要将 age 列中的每个值加上 10 即可。

```
[In]: df.withColumn("age_after_10_yrs",(df["age"]+10)).
      show(10,False)
[Out]:
```

```
+-------+---+----------+------+-------+----------------+
|ratings|age|experience|family|mobile |age_after_10_yrs|
+-------+---+----------+------+-------+----------------+
|3      |32 |9.0       |3     |Vivo   |42              |
|3      |27 |13.0      |3     |Apple  |37              |
|4      |22 |2.5       |0     |Samsung|32              |
|4      |37 |16.5      |4     |Apple  |47              |
|5      |27 |9.0       |1     |MI     |37              |
|4      |27 |9.0       |0     |Oppo   |37              |
|5      |37 |23.0      |5     |Vivo   |47              |
|5      |37 |23.0      |5     |Samsung|47              |
|3      |22 |2.5       |0     |Apple  |32              |
|3      |27 |6.0       |0     |MI     |37              |
+-------+---+----------+------+-------+----------------+
only showing top 10 rows
```

正如输出所示，DataFrame 中有了一个新列。show 方法能帮助我们查看这个新列的值，不过为了将这个新列添加到 DataFrame 中，我们需要将它分配给一个已有的或新的 DataFrame。

```
[In]: df= df.withColumn("age_after_10_yrs",(df["age"]+10))
```

上面这行代码会确保所做的变更生效，并且 DataFrame 现在包含这个新列 (age_after_10_yrs)。

要将 age 列的数据类型从 integer 变更为 double，可以利用 Spark 中的 cast 方法。这需要从 pyspark.types 导入 DoubleType:

```
[In]: from pyspark.sql.types import StringType,DoubleType
[In]: df.withColumn('age_double',df['age'].cast(DoubleType())).
      show(10,False)
[Out]:
```

20

```
+-------+---+----------+------+-------+----------+
|ratings|age|experience|family|mobile |age_double|
+-------+---+----------+------+-------+----------+
|3      |32 |9.0       |3     |Vivo   |32.0      |
|3      |27 |13.0      |3     |Apple  |27.0      |
|4      |22 |2.5       |0     |Samsung|22.0      |
|4      |37 |16.5      |4     |Apple  |37.0      |
|5      |27 |9.0       |1     |MI     |27.0      |
|4      |27 |9.0       |0     |Oppo   |27.0      |
|5      |37 |23.0      |5     |Vivo   |37.0      |
|5      |37 |23.0      |5     |Samsung|37.0      |
|3      |22 |2.5       |0     |Apple  |22.0      |
|3      |27 |6.0       |0     |MI     |27.0      |
+-------+---+----------+------+-------+----------+
only showing top 10 rows
```

这样，上面的命令就会创建一个新列(age_double)，其中的值就是将 age 列的值从 integer 转换成 double 类型后的值。

3.3 筛选数据

根据条件筛选记录是处理数据时的一种常见需求。这有助于数据清洗并且仅保留相关的记录。PySpark 中的筛选相当简单，使用 filter 函数就可以完成。

3.3.1 条件 1

这是最基础的筛选类型，它仅基于 DataFrame 的一列进行筛选。假设我们想要获取仅使用 Vivo 手机的记录：

```
[In]: df.filter(df['mobile']=='Vivo').show()
[Out]:
```

```
+-------+---+----------+------+------+
|ratings|age|experience|family|mobile|
+-------+---+----------+------+------+
|      3| 32|       9.0|     3|  Vivo|
|      5| 37|      23.0|     5|  Vivo|
|      4| 37|       6.0|     0|  Vivo|
|      5| 37|      13.0|     1|  Vivo|
|      4| 37|       6.0|     0|  Vivo|
+-------+---+----------+------+------+
```

这样就得到了mobile列中具有Vivo值的所有记录。在筛选出记录之后，可以进一步选择其中一些列。例如，如果希望查看使用Vivo手机的人的年龄和评分，可以在筛选出记录之后使用select函数达成目的。

```
[In]: df.filter(df['mobile']=='Vivo').select('age','ratings',
      'mobile').show()
```
[Out]:

```
+---+-------+------+
|age|ratings|mobile|
+---+-------+------+
| 32|      3|  Vivo|
| 37|      5|  Vivo|
| 37|      4|  Vivo|
| 37|      5|  Vivo|
| 37|      4|  Vivo|
+---+-------+------+
```

3.3.2 条件 2

这涉及基于多个列的筛选，并且仅返回满足所有条件的记录。有多种方式可以达成此目的。例如，我们希望仅筛选出使用 Vivo 手机并且手机使用年限超过 10 年的那些用户。

```
[In]: df.filter(df['mobile']=='Vivo').filter(df['experience']
      >10).show()
```
[Out]:

```
+-------+---+----------+------+------+
|ratings|age|experience|family|Mobile|
+-------+---+----------+------+------+
|      5| 37|      23.0|   5.5|  Vivo|
|      5| 37|      13.0|   1.0|  Vivo|
+-------+---+----------+------+------+
```

我们需要使用多个 filter 函数才能对多个单独的列应用那些条件。还有一种方法可以得到相同结果，如下所示。

```
[In]: df.filter((df['mobile']=='Vivo')&(df['experience'] >10)).
      show()
```
[Out]:

```
+-------+---+----------+------+------+
|ratings|age|experience|family|Mobile|
+-------+---+----------+------+------+
|      5| 37|      23.0|   5.5|  Vivo|
|      5| 37|      13.0|   1.0|  Vivo|
+-------+---+----------+------+------+
```

3.4 列中的非重复值

如果希望查看任意 DataFrame 列的非重复值，可以使用 distinct 函数。我们看看以下 DataFrame 示例中 mobile 列的非重复值。

```
[In]: df.select('mobile').distinct().show()
[Out]:
```

为了获得列中非重复值的计数，可以直接将 count 与 distinct 函数一起使用。

```
[In]: df.select('mobile').distinct().count()
[Out]: 5
```

3.5 数据分组

分组是理解数据集各个方面的一种非常有用的方式。它有助于根据列的值对数据进行分组并且获取见解。也可以将分组与其他多个函数一起使用。我们来看一个使用 DataFrame 的 groupBy 方法的示例。

```
[In]: df.groupBy('mobile').count().show(5,False)
[Out]:
```

mobile	count
MI	8
Oppo	7
Samsung	6
Vivo	5
Apple	7

此处，我们基于 mobile 列中的类别值来分组所有记录，并且使用 count 方法来

统计每一种类别的记录数量。可以通过使用 orderBy 方法来进一步提炼这些结果，以便按照定义的顺序对它们进行排序。

```
[In]: df.groupBy('mobile').count().orderBy('count',ascending=
      False).show(5,False)
[Out]:
```

```
+-------+-----+
|mobile |count|
+-------+-----+
|MI     |8    |
|Oppo   |7    |
|Apple  |7    |
|Samsung|6    |
|Vivo   |5    |
+-------+-----+
```

现在，count 列是基于每一种类别按照降序排列的。

也可以应用 groupBy 方法来计算统计指标，例如每种类别的平均值、合计值、最小值或最大值。我们来看看剩下这些列的平均值是多少。

```
[In]: df.groupBy('mobile').mean().show(5,False)
[Out]:
```

```
+-------+-----------------+-----------------+-----------------+-----------------+
|mobile |avg(ratings)     |avg(age)         |avg(experience)  |avg(family)      |
+-------+-----------------+-----------------+-----------------+-----------------+
|MI     |3.5              |30.125           |10.1875          |1.375            |
|Oppo   |2.857142857142857|28.428571428571427|10.357142857142858|1.4285714285714286|
|Samsung|4.166666666666667|28.666666666666668|8.666666666666666|1.8333333333333333|
|Vivo   |4.2              |36.0             |11.4             |1.8              |
|Apple  |3.4285714285714284|30.571428571428573|11.0            |2.7142857142857144|
+-------+-----------------+-----------------+-----------------+-----------------+
```

mean 方法会计算每个手机品牌的平均年龄、平均评分、平均使用年限以及平均家庭使用人数。也可以通过将 sum 和 groupBy 方法结合使用来计算每个手机品牌的聚集求和结果。

```
[In]: df.groupBy('mobile').sum().show(5,False)
[Out]:
```

```
+-------+-----------+--------+---------------+-----------+
|mobile |sum(ratings)|sum(age)|sum(experience)|sum(family)|
+-------+-----------+--------+---------------+-----------+
|MI     |28         |241     |81.5           |11         |
|Oppo   |20         |199     |72.5           |10         |
|Samsung|25         |172     |52.0           |11         |
|Vivo   |21         |180     |57.0           |9          |
|Apple  |24         |214     |77.0           |19         |
+-------+-----------+--------+---------------+-----------+
```

现在我们来看看每个手机品牌用户数据的最小值和最大值。

```
[In]: df.groupBy('mobile').max().show(5,False)
[Out]:
```

mobile	max(ratings)	max(age)	max(experience)	max(family)
MI	5	42	23.0	5
Oppo	4	42	23.0	2
Samsung	5	37	23.0	5
Vivo	5	37	23.0	5
Apple	4	37	16.5	5

```
[In]:df.groupBy('mobile').min().show(5,False)
[Out]:
```

mobile	min(ratings)	min(age)	min(experience)	min(family)
MI	1	27	2.5	0
Oppo	2	22	6.0	0
Samsung	2	22	2.5	0
Vivo	3	32	6.0	0
Apple	3	22	2.5	0

3.6 聚合

也可以使用 agg 函数得出与 3.5 节类似的结果类型。我们要将 PySpark 中的 agg 函数用于直接获取每个手机品牌总的使用年限的合计值。

```
[In]: df.groupBy('mobile').agg({'experience':'sum'}).
      show(5,False)
[Out]:
```

mobile	sum(experience)
MI	81.5
Oppo	72.5
Samsung	52.0
Vivo	57.0
Apple	77.0

因此，这里我们直接使用 agg 函数并且传入希望完成聚合的列名 experience。

3.7 用户自定义函数(UDF)

UDF 被广泛用于数据处理，以便对 DataFrame 应用某些转换。PySpark 提供了两种类型的 UDF：Conventional UDF 和 Pandas UDF。在速度和处理耗时方面，Pandas UDF 非常具有优势。下面将介绍如何在 PySpark 中使用这两种类型的 UDF。首先，必须从 PySpark 函数中导入 udf：

```
[In]: from pyspark.sql.functions import udf
```

现在，我们可以通过使用 lambda 或典型的 Python 函数来应用基本的 UDF。

3.7.1 传统的 Python 函数

我们创建一个简单的 Python 函数，它会根据手机品牌返回价格范围的分类：

```
[In]:
def price_range(brand):
    if brand in ['Samsung','Apple']:
        return 'High Price'
    elif brand =='MI':
        return 'Mid Price'
    else:
        return 'Low Price'
```

接下来，我们创建一个使用这一函数的 UDF(brand_udf)，这个 UDF 还要捕获数据类型以便对 DataFrame 的 mobile 列应用这一转换。

```
[In]: brand_udf=udf(price_range,StringType())
```

在最后的步骤中，我们要将 udf(brand_udf)应用到 DataFrame 的 mobile 列，并且创建一个具有新值的新列(price_range)。

```
[In]: df.withColumn('price_range',brand_udf(df['mobile'])).
    show(10,False)
[Out]:
```

```
+-------+---+----------+------+-------+-----------+
|ratings|age|experience|family|mobile |price_range|
+-------+---+----------+------+-------+-----------+
|3      |32 |9.0       |3     |Vivo   |Low Price  |
|3      |27 |13.0      |3     |Apple  |High Price |
|4      |22 |2.5       |0     |Samsung|High Price |
|4      |37 |16.5      |4     |Apple  |High Price |
|5      |27 |9.0       |1     |MI     |Mid Price  |
|4      |27 |9.0       |0     |Oppo   |Low Price  |
|5      |37 |23.0      |5     |Vivo   |Low Price  |
|5      |37 |23.0      |5     |Samsung|High Price |
|3      |22 |2.5       |0     |Apple  |High Price |
|3      |27 |6.0       |0     |MI     |Mid Price  |
+-------+---+----------+------+-------+-----------+
only showing top 10 rows
```

3.7.2 使用 lambda 函数

相比于定义一个传统的 Python 函数，我们可以充分利用 lambda 函数并且在单行代码中创建一个 UDF，如下所示，我们根据用户年龄将 age 列划分成两组(young 和 senior)。

```
[In]: age_udf = udf(lambda age: "young" if age <= 30 else
      "senior", StringType())
[In]: df.withColumn("age_group", age_udf(df.age)).
      show(10,False)
[Out]:
+-------+---+----------+------+-------+---------+
|ratings|age|experience|family|mobile |age_group|
+-------+---+----------+------+-------+---------+
|3      |32 |9.0       |3     |Vivo   |senior   |
|3      |27 |13.0      |3     |Apple  |young    |
|4      |22 |2.5       |0     |Samsung|young    |
|4      |37 |16.5      |4     |Apple  |senior   |
|5      |27 |9.0       |1     |MI     |young    |
|4      |27 |9.0       |0     |Oppo   |young    |
|5      |37 |23.0      |5     |Vivo   |senior   |
|5      |37 |23.0      |5     |Samsung|senior   |
|3      |22 |2.5       |0     |Apple  |young    |
|3      |27 |6.0       |0     |MI     |young    |
+-------+---+----------+------+-------+---------+
only showing top 10 rows
```

3.7.3　Pandas UDF(向量化的 UDF)

正如之前所提及的，Pandas UDF 要比同等工具快且高效得多。Pandas UDF 有两种类型：

- Scalar
- GroupedMap

使用 Pandas UDF 非常类似于使用基础 UDF。首先，必须从 PySpark 函数中导入 pandas_udf，并且将它应用到任何要转换的特定列上。

```
[In]: from pyspark.sql.functions import pandas_udf
```

在这个示例中，我们定义了一个 Python 函数，它会基于预期寿命 100 岁这一假设来计算用户的剩余寿命。这是一个非常简单的计算：使用一个 Python 函数，用 100 减去用户的年龄。

```
[In]:
def remaining_yrs(age):
    yrs_left=(100-age)
    return yrs_left
[In]: length_udf = pandas_udf(remaining_yrs, IntegerType())
```

在使用 Python 函数(remaining_yrs)创建了 Pandas UDF(length_udf)之后，就可以将它应用到 age 列并且创建一个新列 yrs_left。

```
[In]: df.withColumn("yrs_left", length_udf(df['age'])).
show(10,False)
[Out]:
```

```
+-------+---+----------+------+-------+--------+
|ratings|age|experience|family|mobile |yrs_left|
+-------+---+----------+------+-------+--------+
|3      |32 |9.0       |3     |Vivo   |68      |
|3      |27 |13.0      |3     |Apple  |73      |
|4      |22 |2.5       |0     |Samsung|78      |
|4      |37 |16.5      |4     |Apple  |63      |
|5      |27 |9.0       |1     |MI     |73      |
|4      |27 |9.0       |0     |Oppo   |73      |
|5      |37 |23.0      |5     |Vivo   |63      |
|5      |37 |23.0      |5     |Samsung|63      |
|3      |22 |2.5       |0     |Apple  |78      |
|3      |27 |6.0       |0     |MI     |73      |
+-------+---+----------+------+-------+--------+
only showing top 10 rows
```

3.7.4 Pandas UDF(多列)

我们可能会面临一种情况,其中需要多列作为输入以便创建一个新列。因此,下面这个示例展示了在 DataFrame 的多个列上应用 Pandas UDF 的方法。此处,我们要创建一个新列,列值仅仅是评分和使用年限的乘积。通常,我们会定义一个 Python 函数并且计算这两列的乘积。

```
[In]:
def prod(rating,exp):
    x=rating*exp
    return x
[In]: prod_udf = pandas_udf(prod, DoubleType())
```

在创建上述 Pandas UDF 之后,我们可以将其应用到这两列(ratings 和 experience)以便形成新列(product)。

```
[In]: df.withColumn("product",prod_udf(df['ratings'],
    df['experience'])).show(10,False)
[Out]:
```

```
+-------+---+----------+------+-------+-------+
|ratings|age|experience|family|mobile |product|
+-------+---+----------+------+-------+-------+
|3      |32 |9.0       |3     |Vivo   |27.0   |
|3      |27 |13.0      |3     |Apple  |39.0   |
|4      |22 |2.5       |0     |Samsung|10.0   |
|4      |37 |16.5      |4     |Apple  |66.0   |
|5      |27 |9.0       |1     |MI     |45.0   |
|4      |27 |9.0       |0     |Oppo   |36.0   |
|5      |37 |23.0      |5     |Vivo   |115.0  |
|5      |37 |23.0      |5     |Samsung|115.0  |
|3      |22 |2.5       |0     |Apple  |7.5    |
|3      |27 |6.0       |0     |MI     |18.0   |
+-------+---+----------+------+-------+-------+
only showing top 10 rows
```

3.8 去掉重复值

我们可以使用 dropDuplicates 方法,以便从 DataFrame 中移除重复记录。这个

DataFrame 中总的记录数是 33，不过其中也包含 7 条重复记录，可以通过去掉那些重复记录来轻易地确认这一点，因为这样一来只会剩下 26 行。

```
[In]: df.count()
[Out]: 33
[In]: df=df.dropDuplicates()
[In]: df.count()
[Out]: 26
```

3.9 删除列

我们可以利用 drop 函数移除 DataFrame 中的任何列。如果希望移除 DataFrame 中的 mobile 列，可以将其作为参数传入 drop 函数。

```
[In]: df_new=df.drop('mobile')
[In]: df_new.show()
[Out]:
```

ratings	age	experience	family
3	32	9.0	3
3	27	13.0	3
4	22	2.5	0
4	37	16.5	4
5	27	9.0	1
4	27	9.0	0
5	37	23.0	5
5	37	23.0	5
3	22	2.5	0
3	27	6.0	0

```
only showing top 10 rows
```

3.10 写入数据

一旦完成了处理步骤，就可以将整理后的 DataFrame 以所需格式写入期望的位置(本地/云端)。

3.10.1　csv

如果希望将 DataFrame 作为单个文件保存回原始的 csv 格式，可以使用 Spark 中的 coalesce 函数。

```
[In]: pwd
[Out]: ' /home/jovyan/work '
[In]: write_uri= ' /home/jovyan/work/df_csv '
[In]: df.coalesce(1).write.format("csv").
option("header","true").save(write_uri)
```

3.10.2　嵌套结构

如果数据集很庞大并且涉及大量的列，则可以选择对 DataFrame 进行压缩并转换成一种嵌套的文件格式。仅会缩小数据的整体大小，并且优化数据处理过程中的性能，因为操作针对的是所需列的子集而不是所有数据。我们可以像下面这样将格式设置为 parquet，以便轻易地对 DataFrame 进行转换并且保存成嵌套格式。

```
[In]: parquet_uri='/home/jovyan/work/df_parquet'
[In]: df.write.format('parquet').save(parquet_uri)
```

■ 提示：
可以从本书的GitHub仓库中获取源代码以及完整的数据集，最好基于Spark 2.3及其更高版本执行这些代码。

3.11　小结

在这一章中，我们熟悉了一些使用 PySpark 处理和转换数据的函数及技术。还有很多方法可供我们进一步探究，以便使用 PySpark 对数据进行预处理，不过本章内容已经涵盖为机器学习清洗和准备数据的基本步骤。

第 4 章

■ ■ ■ ■

线 性 回 归

机器学习是一个非常广阔的领域,并且在各种机器学习类别之下存在着许多算法,线性回归是其中最基础的机器学习算法。这一章重点介绍使用 PySpark 构建线性回归(LR)模型的内容,并且会深入研究 LR 模型的运行原理。在将 LR 与不同的评估指标一同使用之前,需要考虑各种假设前提。不过,甚至在尝试理解线性回归之前,我们必须理解变量类型。

4.1 变量

变量会捕获不同格式的数据信息。使用广泛的变量类别主要有两种,如图 4-1 所示。

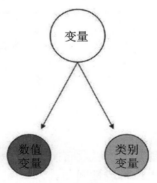

图 4-1 变量的类型

我们甚至可以进一步将这两类变量分解成子类别,不过本书将始终使用这两种类型。

数值变量就是那些表示数量特性的值类型,例如数字(整数/浮点数)。薪酬记录、考试成绩、年龄或身高以及股票价格，所有这些都属于数值变量。

另外，类别变量都是用来定性的，并且主要表示的是要测量的数据类别，例如颜色、结果(是/否)、评级(好/坏/平均)。

对于构建任意类型的机器学习模型而言，我们需要具有输入变量和输出变量。输入变量就是用于构建和训练机器学习模型以便预测结果或目标变量的那些值。举个例子，假定我们想要使用机器学习根据一个人的年龄来预测其薪酬。在这个例子中，薪酬就是结果/目标/因变量，而年龄就被称为输入变量或自变量。现在，结果变量可以是类别类型或数值类型，并且根据类型，可以选择对应的机器学习模型。

现在回到线性回归，它主要用于尝试预测数值结果变量的场景。线性回归被用于预测一条拟合输入数据的线，指出最佳的可能路径，并且会有助于对未知数据的预测，不过这里需要注意的一点是：模型如何才能仅从"年龄"进行学习并预测某个人的薪酬？毫无疑问，这两个变量(salary 和 age)之间需要有某种关系。主要有两种变量关系类型：

- 线性关系
- 非线性关系

任意两个变量之间的线性关系这一概念表明，这两个变量在某些方面是彼此成正比关系的。任意两个变量之间的相互关系表明了两者之间线性关系的强弱程度。相关系数的范围是-1~+1。负相关意味着随着其中一个变量递增，另一个变量会递减。例如，汽车的动力和每加仑汽油英里数就是负相关的，因为随着动力的提升，汽车的英里数会降低。另外，薪酬和工作年限则是正相关的。非线性关系相对比较负责，因此需要更多的详情才能预测目标变量。例如一辆自动驾驶汽车，像地形、信号系统以及行人这样的输入变量与汽车速度之间的关系就是非线性的。

■ 提示：

4.2 节将介绍线性回归背后的理论，这对于许多读者而言可能是多余的。如果是这样的话，在阅读时可以跳过这一节。

4.2　理论

现在我们理解了变量的基础知识以及它们之间的关系，接下来我们以年龄和薪酬为基础进行构建，以便深入理解线性回归。

线性回归的总体目标是预测一条贯穿数据的直线，因此，每一个数据点到这条直线的垂直距离都是最小的。所以，在这个例子中，我们要在指定年龄的情况下预测一个人的薪酬。假设有四个人的记录，其中包含他们的年龄以及各自的薪酬，如表 4-1 所示。

表 4-1 样本数据集

序号	年龄(单位：岁)	薪酬(单位：万美元)
1	20	5
2	30	10
3	40	15
4	50	22

有一个输入变量(年龄)可供我们使用，以便预测薪酬(本书后续内容将对此进行处理)，不过先不急。假设一开始我们手头上只有这四个人的薪酬。图 4-2 中绘制了每个人的薪酬。

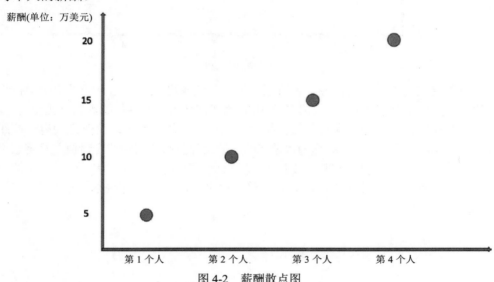

图 4-2 薪酬散点图

现在，如果打算根据之前这几个人的薪酬来预测第五个人(另一个人)的薪酬，那么最佳的可能预测方式就是使用已有薪酬的算数/几何平均值。对于给定的这些信息而言，这会是最佳预测方式。这就像在构建机器学习模型，但没有任何输入数据(因为我们使用输出数据作为输入数据)。

我们继续计算这些给定薪酬的平均薪酬。

$$Avg.Salary = \frac{(5+10+15+22)}{4} = 13$$

因此，下一个人的最佳薪酬预测是 13 万美元。图 4-3 展示了每个人的薪酬以及平均薪酬(仅使用一个变量情况下的最佳拟合线)。

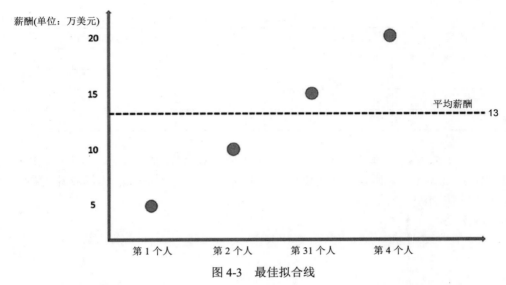

图 4-3　最佳拟合线

　　对于这些数据点而言，图 4-3 所示的平均值线条可能就是这一场景中的最佳拟合线，因为除了薪酬本身，我们没有使用其他任何变量。如果仔细观察，就会发现，之前的薪酬中没有一个落在这条最佳拟合线上；它们似乎与平均薪酬之间有一些距离，如图 4-4 所示。这些也被称为误差。如果继续计算这些间距的合计值并且将它们相加，结果就是 0，这是合理的，因为它是所有数据点的平均值。因此，相比于简单地对它们求和，我们转而应该计算每个误差的平方，然后将这些结果相加。

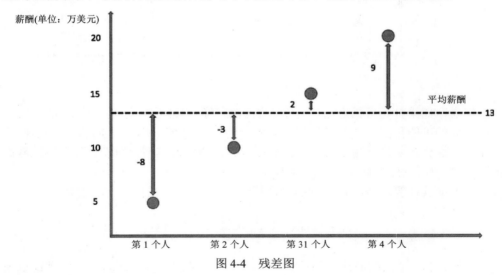

图 4-4　残差图

误差平方和 $= 64 + 9 + 4 + 81 = 158$。

因此，计算残差平方和就会得到 158 这个合计值，它被称为误差平方和(SSE)。

■ 提示：

到目前为止，我们还没有使用任何输入变量来计算SSE。

我们现在暂时搁置这一结果，同时纳入输入变量(人的年龄)来预测薪酬。我们首先可视化人的年龄和薪酬之间的关系，如图 4-5 所示。

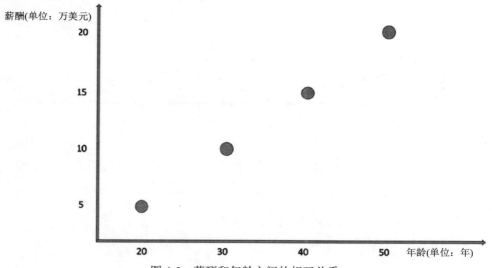

图 4-5　薪酬和年龄之间的相互关系

正如我们可以观察到的，工作年限和薪酬之间似乎具有明显的正相关关系，并且这对于我们而言是好事，因为这表明，该模型能够非常准确地预测目标值(薪酬)，因为输入(年龄)和输出(薪酬)之间存在强线性关系。正如之前所提及的，线性回归的总体目标是，以最小化实际目标值和预测值之间间距的平方值的方式绘制拟合数据点的直线。由于是直线，因此我们知道在线性代数中，直线的公式是 $y = mx + c$，如图 4-6 所示。

其中：

$m =$ 这条线的斜率($\frac{x_2 - x_1}{y_2 - y_1}$)

$x = x$ 轴上的值

$y = y$ 轴上的值

$c =$ 截距($x = 0$ 时 y 的值)

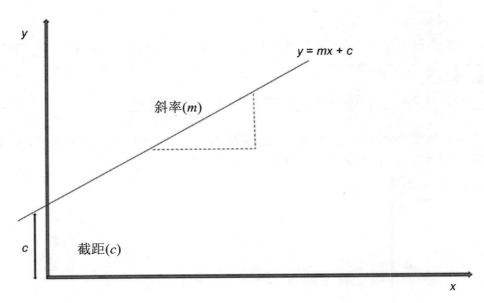

图 4-6　直线图

由于线性回归也是要找出一条直线，因此线性回归公式就变成了

$$y = B_0 + B_1 * x$$

因为只使用了一个输入变量，也就是年龄。

其中：

y = 薪酬(预测)

B_0 = 截距(年龄为 0 时的薪酬)

B_1 = 薪酬的斜率或回归系数

x = 年龄

现在，有人可能会问，是否可以绘制出穿过数据点的多条线(如图 4-7 所示)，以及如何找出哪条线才是最佳拟合线。

找出最佳拟合线的第一个条件就是，它应该穿过数据点的质心，如图 4-8 所示。在本例中，质心值是：

$$(年龄)平均值 = \frac{(20+30+40+50)}{4} = 35$$

$$(薪酬)平均值 = \frac{(5+10+15+22)}{4} = 13$$

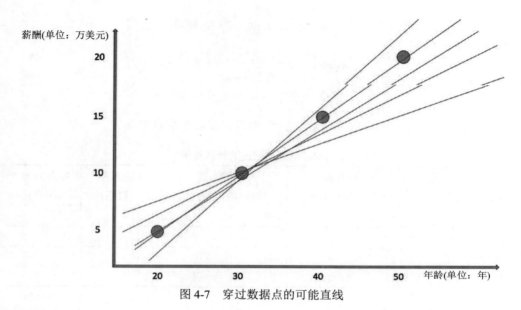

图 4-7　穿过数据点的可能直线

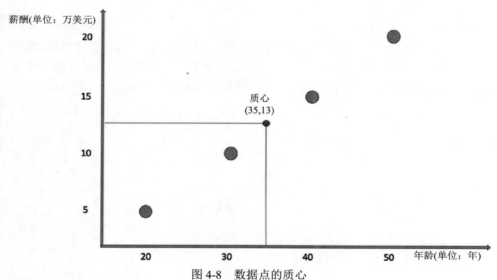

图 4-8　数据点的质心

第二个条件就是，它应该能够最小化误差平方和。我们知道，线性回归公式是：

$$y = B_0 + B_1 * x$$

现在，使用线性回归的目标就是找出截距(B_0)和回归系数(B_1)的最优值，以便最大程度最小化残差/误差。

我们可以使用以下公式轻易地找出数据集的 B_0 和 B_1 最优值：

$$B_1 = \frac{\Sigma(x_i - x_{mean}) * (y_i - y_{mean})}{\Sigma(x_i - x_{mean})^2}$$

$$B_0 = y_{mean} - B_1 * (x_{mean})$$

表 4-2 使用输入数据展示了线性回归的斜率和截距的计算结果。

表 4-2　斜率和截距的计算结果

年龄 (岁)	薪酬 (万美元)	年龄方差 (与平均值的差值)	薪酬方差 (与平均值的差值)	协方差 (乘积)	年龄方差 (平方)
20	5	−15	−8	120	225
30	10	−5	−3	15	25
40	15	5	2	10	25
50	22	15	9	135	225

(年龄)平均值 = 35
(薪酬)平均值 = 13

任意两个变量(年龄和薪酬)之间的协方差被定义为每个变量(年龄和薪酬)到其平均值之间的距离乘积。简而言之，年龄和薪酬的方差乘积被称为协方差。现在，我们得到了协方差以及年龄方差，可以继续计算线性回归的斜率和截距：

$$B_1 = \frac{\Sigma(\text{协方差})}{\Sigma(\text{年龄方差})}$$
$$= \frac{280}{500}$$
$$= 0.56$$
$$B_0 = 13 - (0.56 \times 35)$$
$$= -6.6$$

最终的线性回归公式就变成了

$$y = B_0 + B_1 * x$$

$$\text{薪酬} = -6.6 + (0.56 \times \text{年龄})$$

现在，我们可以使用这一公式预测任意指定年龄的薪酬。例如，该模型对于第一个人薪酬的预测结果会像下面这样：

薪酬(第 1 个人) = −6.6 + (0.56*20)
= 4.6(万美元)

4.3 说明

这里的斜率($B_1 = 0.56$)意味着一个人的年龄每增加一岁，其薪酬会增加 5600
美元。

就从截距的值推导出含义而言，截距并不总是有意义的。就像这个示例，负的
6.6 表明，如果某个人还未出生(年龄=0)，那么这个人的薪酬就是负的 66000 美元。

图 4-9 显示了我们所用数据集的最终回归线。

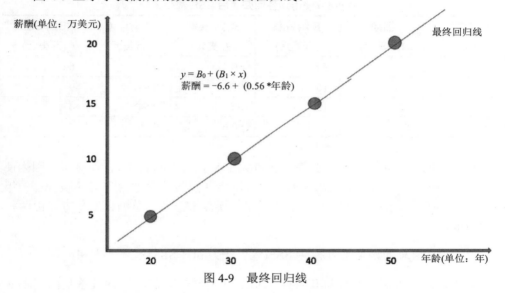

图 4-9   最终回归线

下面使用线性回归公式预测数据中所有四条记录的薪酬，并且对比与实际薪酬
的差异，如表 4-3 所示。

表 4-3   预测值和实际值之间的差异

年龄(岁)	薪酬(万美元)	预测薪酬(万美元)	差异/误差(万美元)
20	5	4.6	−0.4
30	10	10.2	0.2
40	15	15.8	0.8
50	22	21.4	−0.6

简而言之，线性回归会提供截距(B_0)和回归系数(B_1、B_2)的最优值，这样预测值
和目标变量之间的差异(误差)就会最小。不过问题依旧：这是否是好的拟合？

4.4 评估

有多种方式可以评估回归线的拟合度,不过其中一种就是使用测定值(r^2)的回归系数。回想一下,在仅使用输出变量本身的时候,我们已经计算了误差平方和(SSE),并且结果为 158。现在我们重新计算这个模型的 SSE,这个模型是使用一个输入变量构建的。表 4-4 显示了使用线性回归之后计算的新的 SSE。

表 4-4　使用线性回归之后 SSE 减少了

年龄 (岁)	薪酬 (万美元)	预测薪酬 (万美元)	差异/误差 (万美元)	平方误差 (万美元)	旧的 SSE (万美元)
20	5	4.6	-0.4	0.16	64
30	10	10.2	0.2	0.04	9
40	15	15.8	0.8	0.64	4
50	22	21.4	-0.6	0.36	81

正如我们可以观察到的, 误差平方和从 158 显著下降到 1.2,而这正是因为使用了线性回归。目标变量(薪酬)中的变化可以借助回归(因为使用了输入变量——年龄)来解释说明。因此,OLS 有助于降低总的误差平方和。总的误差平方和由两种类型组成:

$$TSS(总的误差平方和) = SSE(误差平方和) + SSR(残差平方和)$$

总的误差平方和就是实际值和平均值之间差异平方的和,并且总是固定不变的。在我们的示例中, 总的误差平方和等于 158。

SSE 就是目标变量的实际值与预测值之间差异的平方,使用线性回归之后降低为 1.2。

SSR 就是通过回归来诠释的平方和,可以通过 TSS − SSE 来计算。

$$SSR = 158 - 1.2 = 156.8$$
$$r^2(测定系数) = \frac{SSR}{TSS} = \frac{156.8}{158} = 0.99$$

这一百分比表明, 在给定一个人的年龄来预测薪酬方面,线性回归模型的预测准确率可以高达 99%。剩下的 1%则归因于无法被该模型诠释的误差。线性回归线与该模型的拟合度真的很高,不过这也会是过拟合的一个典型案例。当模型在训练数据上的预测准确率较高,而在未知/测试数据上表现不佳时,这种情况就称为过拟合。处理过拟合问题的技术被称为正则化,并且有不同类型的正则化技术可供使用。就线性回归而言, 我们可以使用岭回归(Ridge)、套索回归(Lasso)或弹性网络

(Elasticnet Regularization)技术来应对过拟合。

岭回归也被称为 L2 正则化，主要用于将输入特征的回归系数限制为接近于零，而套索回归(也被称为 L1 正则化)则是让一些回归系数变为零，以便提升模型的泛化程度。弹性网络是这两种技术的组合应用。

总而言之，回归仍旧是一种参数驱动的方法，并且会预先假设一些与输入数据点分布有关的基本规律。如果输入数据与那些假设并不相符，那么线性回归模型的执行结果将不会太好。因此，重要的是迅速地仔细检查这些假设以便在使用线性回归模型之前了解它们。

这些假设如下：

- 输入变量和输出变量之间必定存在一种线性关系。
- 自变量(输入特征)彼此之间不应具有相关性(也称为多重共线性)。
- 残差值/误差值之间必定没有相互关系。
- 残差和输出变量之间必定具有一种线性关系。
- 残差值/误差值必须是正态分布的。

4.5 代码

本节主要介绍如何使用 PySpark 和 Jupyter Notebook 从无到有地构建一个线性回归模型。

虽然之前讲解了一个仅有一个输入变量的简单示例以便大家理解线性回归，但这并非常见情况。大多数时候，数据集都会包含多个变量，因而在这样的情况下，构建一个多变量回归模型会更加合理。其中用到的线性回归公式看起来就像下面这样：

$$y = B_0 + B_1 * x_1 + B_2 * x_2 + B_3 * x_3 + \cdots$$

■ 提示：

可以从本书的GitHub仓库中获取源代码以及完整的数据集，最好基于Spark 2.3及其更高版本执行这些代码。

接下来我们使用 Spark 的 MLlib 库构建一个线性回归模型，并且使用输入特征预测目标变量。

4.5.1 数据信息

这个示例中，所要使用的数据集是一个虚拟数据集，其中包含总计 1232 行和 6

列。我们必须通过线性回归模型使用 5 个输入变量来预测目标变量。

4.5.2 步骤 1：创建 SparkSession 对象

打开 Jupyter Notebook 并且导入 SparkSession，然后创建一个新的 SparkSession 对象以便使用 Spark：

```
[In]: from pyspark.sql import SparkSession
[In]: spark=SparkSession.builder.appName('lin_reg').getOrCreate()
```

4.5.3 步骤 2：读取数据集

之后，要在 Spark 中使用 DataFrame 加载和读取数据集，就必须确保在数据集所处的同一目录中打开了 PySpark，否则必须提供数据文件夹的目录路径：

```
[In]: df=spark.read.csv('Linear_regression_dataset.csv',
        inferSchema=True,header=True)
```

4.5.4 步骤 3：探究式数据分析

这一节将更为深入地探究数据集，我们需要查看数据集，验证数据集的形状结构、各种统计指标以及输入变量和输出变量之间的相互关系。首先我们来检查数据集的形状结构：

```
[In]:print((df.count(), len(df.columns)))
[Out]: (1232, 6)
```

上面的输出确认了数据集的大小，并且可以验证输入值的数据类型以便检查是否需要变更/转换某些列的数据类型。在这个示例中，所有列都包含 integer 或 double 值。

```
[In]: df.printSchema()
[Out]:

root
 |-- var_1: integer (nullable = true)
 |-- var_2: integer (nullable = true)
 |-- var_3: integer (nullable = true)
 |-- var_4: double (nullable = true)
 |-- var_5: double (nullable = true)
 |-- output: double (nullable = true)
```

该数据集总共六列，其中五列是输入列(var_1~var_5)，一列是目标列(output)。现在可以使用 describe 函数仔细检查该数据集的统计指标。

```
[In]: df.describe().show(3,False)
[Out]:
```

summary	var_1	var_2	var_3	var_4	var_5	output
count	1232	1232	1232	1232	1232	1232
mean	715.0819805194806	715.0819805194806	80.90422077922078	0.3263311688311693	0.25927272727272715	0.39734172077922014
stddev	91.5342940441652	93.07993263118064	11.458139049993724	0.015012772334166148	0.012907228928000298	0.03326689862173776
min	463	472	40	0.277	0.214	0.301
max	1009	1103	116	0.373	0.294	0.491

这使得我们可以了解数据集中列的分布、中心指标、分散程度等。然后可以使用 head 函数并且传入我们希望浏览的行数来查看一下数据集。

```
[In]: df.head(3)
[Out]:
```

```
[Row(var_1=734, var_2=688, var_3=81, var_4=0.328, var_5=0.259, output=0.418),
 Row(var_1=700, var_2=600, var_3=94, var_4=0.32, var_5=0.247, output=0.389),
 Row(var_1=712, var_2=705, var_3=93, var_4=0.311, var_5=0.247, output=0.417)]
```

可以使用 corr 函数检查输入变量和输出变量之间的相互关系：

```
[In]: from pyspark.sql.functions import corr
[In]: df.select(corr('var_1','output')).show()
[Out] :
```

corr(var_1, output)
0.9187399607627283

var_1 列看起来与输出列最具相关性。

4.5.5　步骤 4：特征工程化

本节使用 Spark 的 VectorAssembler 创建一个向量，该向量会合并所有的输入特征。VectorAssembler 只会创建单个特征，这个特征会捕获该行的输入值。因此，并不会分别使用五个输入列，而实际上是将所有的输入列合并成单个特征向量列。

```
[In]: from pyspark.ml.linalg import Vector
[In]: from pyspark.ml.feature import VectorAssembler
```

我们可以选择要用作输入特征的列的数量，并且可以通过 VectorAssembler 仅传递那些列。在该例中，我们要传递所有五个输入列来创建单个特征向量列。

```
[In]: df.columns
[Out]: ['var_1', 'var_2', 'var_3', 'var_4', 'var_5', 'output']
[In]: vec_assmebler=VectorAssembler(inputCols=['var_1',
    'var_2', 'var_3', 'var_4', 'var_5'],outputCol='features')
[In]: features_df=vec_assmebler.transform(df)
[In]: features_df.printSchema()
[Out]:
```

```
root
 |-- var_1: integer (nullable = true)
 |-- var_2: integer (nullable = true)
 |-- var_3: integer (nullable = true)
 |-- var_4: double (nullable = true)
 |-- var_5: double (nullable = true)
 |-- output: double (nullable = true)
 |-- features: vector (nullable = true)
```

如上所示，有一个额外的列(features)，其中包含合并了所有输入的单个密集向量。

```
[In]: features_df.select('features').show(5,False)
[Out]:
```

```
+--------------------------------+
|features                        |
+--------------------------------+
|[734.0,688.0,81.0,0.328,0.259]  |
|[700.0,600.0,94.0,0.32,0.247]   |
|[712.0,705.0,93.0,0.311,0.247]  |
|[734.0,806.0,69.0,0.315,0.26]   |
|[613.0,759.0,61.0,0.302,0.24]   |
+--------------------------------+
only showing top 5 rows
```

我们需要使用该 DataFrame 的子集，并且仅选取 features 列以及输出列来构建线性回归模型。

```
[In]: model_df=features_df.select('features','output')
```

```
[In]: model_df.show(5,False)
[Out]:
```

```
+------------------------------------+------+
|features                            |output|
+------------------------------------+------+
|[734.0,688.0,81.0,0.328,0.259]      |0.418 |
|[700.0,600.0,94.0,0.32,0.247]       |0.389 |
|[712.0,705.0,93.0,0.311,0.247]      |0.417 |
|[734.0,806.0,69.0,0.315,0.26]       |0.415 |
|[613.0,759.0,61.0,0.302,0.24]       |0.378 |
+------------------------------------+------+
only showing top 5 rows
```

```
[In]: print((model_df.count(), len(model_df.columns)))
[Out]: (1232, 2)
```

4.5.6 步骤 5：划分数据集

我们必须将数据集划分成训练集和测试集，以便训练和评估构建的线性回归模型的性能。我们要按照 70/30 的比例划分数据集并且基于数据集 70% 的部分训练模型。可以打印训练和测试数据的形状结构以便验证大小。

```
[In]: train_df,test_df=model_df.randomSplit([0.7,0.3])
[In]: print((train_df.count(), len(train_df.columns)))
[Out]: (882, 2)
[In]: print((test_df.count(), len(test_df.columns)))
[Out]: (350, 2)
```

4.5.7 步骤 6：构建和训练线性回归模型

本节将使用输入列和输出列的特征来构建和训练线性回归模型。我们还可以抓取线性回归模型的回归系数(B_1、B_2、B_3、B_4、B_5)和截距(B_0)。也可以使用 r^2 来评估线性回归模型在训练数据上的性能。这个模型在训练集上能够提供非常好的准确性(86%)。

```
[In]: from pyspark.ml.regression import LinearRegression
[In]: lin_Reg=LinearRegression(labelCol='output')
[In]: lr_model=lin_Reg.fit(train_df)
[In]: print(lr_model.coefficients)
[Out]: [0.000345569740987,6.07805293067e-05,0.000269273376209,
```

```
        -0.713663600176,0.432967466411]
[In]: print(lr_model.intercept)
[Out]: 0.20596014754214345
[In]: training_predictions=lr_model.evaluate(train_df)
[In]: print(training_predictions.r2)
[Out]: 0.8656062610679494
```

4.5.8　步骤 7：在测试数据上评估线性回归模型

整个练习的最后一部分就是基于未知或测试数据检查模型的性能。我们需要使用 evaluate 函数对测试数据进行预测，并且可以使用 r^2 来检查模型在测试数据上的准确性。性能似乎与训练数据上的性能非常接近。

```
[In]: test_predictions=lr_model.evaluate(test_df)
[In]: print(test_results.r2)
[Out]: 0.8716898064262081
[In]: print(test_results.meanSquaredError)
[Out]: 0.00014705472365990883
```

4.6　小结

本章介绍了使用 PySpark 构建线性回归模型的过程，还阐述了找出最优回归系数和截距背后的处理过程。

第 5 章

逻 辑 回 归

这一章主要讲解使用 PySpark 构建逻辑回归模型，以及理解逻辑回归背后的理念。逻辑回归主要用于分类问题。前几章已经详细介绍了分类。虽然目的是进行分类，但仍然被称为逻辑回归。这是因为在底层，线性回归公式实际上仍然会起到找出输入变量和目标变量之间关系的作用。线性回归和逻辑回归之间的主要区别在于，逻辑回归使用了某种非线性函数以便将输出转换成概率，从而将概率限制在 0~1 之间。例如，我们可以使用逻辑回归来预测用户是否会购买某个产品。在这个例子中，模型会返回每个用户的购买概率。逻辑回归被广泛用于许多业务应用中。

5.1 概率

为了理解逻辑回归，首先我们必须仔细研究概率这个概念。概率被定义为一个期望的事件发生的比例或者所有可能的结果中有意义结果的比例。举几个例子，如果我们抛一枚硬币，那么得到正面或反面的概率是对等的(50%)；如果我们掷一颗骰子，那么得到 1~6 之间任意一个数字的概率等于 16.7%；如果我们从装有四个绿色球和一个蓝色球的袋子里取出一个球，那么取出绿色球的概率就是 80%；如图 5-1 所示。

图 5-1　事件的概率

逻辑回归用于预测每个目标类别的概率。在二分类(仅有两个类别)的情况下，会返回与每条记录归属于每个类别有关的概率。如前所述，我们在后台使用了线性回归，以便捕获到输入变量和输出变量之间的关系，不过我们还额外使用了另一个元素(非线性函数)，从而将输出从连续形式转换成概率。下面借助一个示例来理解这一点。假设我们必须使用模型来预测某个特定用户是否会购买某款产品，并且我们仅使用一个输入变量，也就是用户在网站上花费的时间。表 5-1 列出了这些数据。

表 5-1　转换数据集

序号	耗时(秒)	转换
1	1	否
2	2	否
3	5	否
4	15	是
5	17	是
6	18	是

现在对这些数据进行可视化，以便观察转换用户与未转换用户之间的差异，如图 5-2 所示。

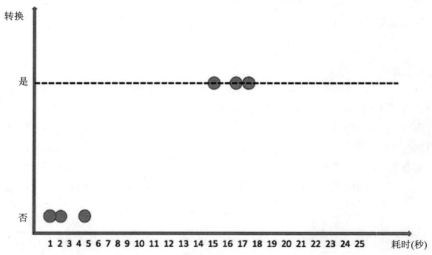

图 5-2　转换前后的时间消耗对比

5.1.1　使用线性回归

现在我们尝试使用线性回归而非逻辑回归来理解为何逻辑回归在分类场景中更为合理。为了使用线性回归，我们必须将目标变量从类别形式转换成数值形式。

因此，我们重新指定"转换"这一列的值：

是 = 1

否 = 0

现在，我们的数据看起来就会像表 5-2 中一样。

表 5-2　样本数据

序号	耗时(秒)	转换
1	1	0
2	2	0
3	5	0
4	15	1
5	17	1
6	18	1

　　将类别变量转换成数值变量的这一过程同样至关重要，本章后续内容将详尽探讨这一点。目前，我们先绘制这些数据以便将他们可视化，从而更好地理解这些数据(见图 5-3)。

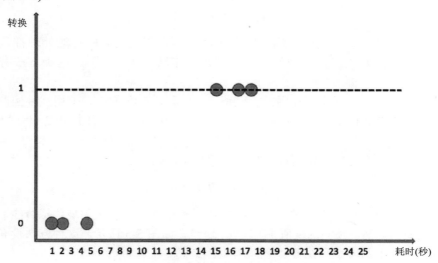

图 5-3　转换前后(0 和 1)的时间消耗对比

　　如图 5-3 所示，目标列中仅有两个值(1 和 0)，并且每一个数据点只能取这两个值之一。现在，我们假定要对这些数据点进行线性回归，并且绘制一条"最佳拟合线"，如图 5-4 所示。

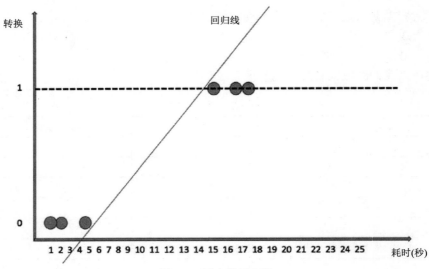

图 5-4 用户的回归线

这条线的回归公式就是：

$$y = B_0 + B_1 * x$$
$$y_{(1,0)} = B_0 + B_1 * 耗时$$

到目前为止，就绘制一条线来区分 1 和 0 两个值而言，所有的处理都是正常的。似乎线性回归也能很好地区分转换用户和未转换用户，不过这种方法有一个小问题。

举个例子，一个新用户在网站上驻留了 20 秒，而我们必须使用线性回归线来预测这个用户是否能被转换。使用上面的回归公式并且尝试预测耗费 20 秒时长时 y 的值。

通过下面这个公式我们就能简单地计算出 y 的值：

$$y = B_0 + B_1 * 20$$

我们也可以直接从"耗时"坐标轴绘制一条垂直线并连接到最佳拟合线，以便预测 y 的值。显然，预测的 y 值 1.7 远远大于 1，如图 5-5 所示。这种方法没有任何用处，因为我们只希望预测 0~1 之间的值。

因此，如果我们将线性回归用于分类情形，则会造成预测的输出值处于负无穷到正无穷之间的情况。我们需要另一种可以将这些值仅限定在 0~1 之间的方法。值介于 0~1 之间这一概念不再让人意外，因为我们已经了解过概率了。所以，逻辑回归实质上提供了正向类别和负向类别之间的一条决策边界，这两种类别都与概率值相关。

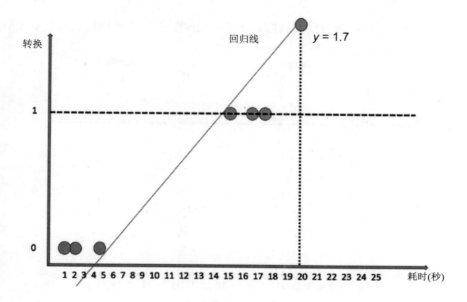

图 5-5　使用回归线进行预测

5.1.2　使用 Logit

为了完成将输出值转换成概率的目标，我们需要使用 Logit。Logit 是一种非线性函数，它会执行线性公式的非线性转换，以便将输出转换成 0~1 之间的值。在逻辑回归中，该非线性函数是 Sigmoid 函数，它看起来就像下面这样：

$$\frac{1}{1+\mathrm{e}^{-x}}$$

并且它总是会产生 0~1 之间的值，与 x 的值无关。

因此，回顾一下之前的线性回归公式：

$$y = B_0 + B_1 * \text{耗时}$$

我们通过这个非线性函数(Sigmoid 函数)来传递输出(y)以便将输出值变更为 0~1 之间的值。

$$\text{概率} = \frac{1}{1+\mathrm{e}^{-y}}$$

$$\text{概率} = \frac{1}{1+\mathrm{e}^{-(B_0+B_1*\text{耗时})}}$$

使用上述公式，预测值就会被限定于 0~1 之间，并且现在输出会如图 5-6 所示。

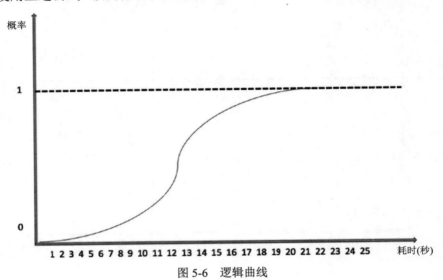

图 5-6　逻辑曲线

使用非线性函数的优势在于，无论输入值(耗时)是什么，输出总会是转换的概率。这一曲线也被称为逻辑曲线。逻辑回归还会假设输入变量和目标变量之间存在一种线性关系，因此可以找出截距和回归系数的最优值来捕获这种关系。

5.2　截距(回归系数)

输入变量的回归系数是使用一种被称为梯度下降的技术来求取的，这种技术寻求以最小化总误差的方式来优化损失函数。我们可以看看逻辑回归公式并且理解回归系数的解析。

$$y = \frac{1}{1 + e^{-(B_0 + B_1 * x)}}$$

假设计算了数据点之后，我们得到耗时的回归系数为 0.75。

为了理解 0.75 这个值意味着什么，我们必须使用这一回归系数的指数值：

$$e^{0.75} = 2.12$$

指数值 2.12 被称为机会比，并且它表明，网站上的耗时每增加一个单位，顾客被转换的机会就会增加 112%。

5.3 虚变量

到目前为止，我们仅仅是在处理连续/数值变量，不过数据集中出现类别变量的情况是不可避免的。因此，接下来我们需要了解的就是将类别数据用于建模目的的方法。由于机器学习模型仅消费数值格式的数据，因此我们必须采用一些技术以便将类别数据转换成数值形式。在前面的一个示例中，我们将目标类别(是/否)转换成了数值形式(1 或 0)。这被称为标签编码，我们要为出现在特定列中的每种类别分配独特的数值。还有另一种方法，效果也很好，被称为虚化或独热编码。下面借助一个示例来理解这一点。为现有的样本数据添加一列。假设有额外的一列，其中包含用户使用的搜索引擎。因此，我们的数据看起来会像表 5-3 中那样。

表 5-3　类别数据集

序号	耗时(秒)	搜索引擎	转换
1	5	Google	0
2	2	Bing	0
3	10	Yahoo	1
4	15	Bing	1
5	1	Yahoo	0
6	12	Google	1

因此，为了消费"搜索引擎"列中提供的额外信息，我们必须使用虚化技术将它们转换成数值格式。这样，我们就会得到虚变量(列)的额外数量，这等同于"搜索引擎"列中独特类别的数量。下列步骤阐释了将类别特征转换成数值特征的整个过程。

(1) 找出"搜索引擎"列中独特类别的数量，目前仅有三个独特类别(Google、Bing、Yahoo)。

(2) 为每个独特类别创建新的列，并且当该独特类别出现时，在对应的"搜索引擎"列中添加 1，否则添加 0，如表 5-4 所示。

表 5-4　独热编码

序号	耗时(秒)	搜索引擎	SE_Google	SE_Bing	SE_Yahoo	转换
1	1	Google	1	0	0	0
2	2	Bing	0	1	0	0
3	5	Yahoo	0	0	1	0
4	15	Bing	0	1	0	1
5	17	Yahoo	0	1	0	1
6	18	Google	1	0	0	1

(3) 移除原始的"搜索引擎"列。因此，现在数据集中总计包含五列(索引列"序号"除外)，因为其中存在三个额外的虚变量，如表 5-5 所示。

表 5-5　虚化后的数据集

序号	耗时(秒)	SE_Google	SE_Bing	SE_Yahoo	转换
1	1	1	0	0	0
2	2	0	1	0	0
3	5	0	0	1	0
4	15	0	1	0	1
5	17	0	1	0	1
6	18	1	0	0	1

整体理念在于，以不同的方式表示相同的信息，以便让机器学习模型也能够从类别值中进行学习。

5.4　模型评估

为了测量逻辑回归模型的性能，我们可以使用多个指标。显而易见的一个指标就是准确率。准确率就是由模型给出的正确预测所占的百分比。不过，准确率并不总是首选方案。为了了解逻辑回归模型的性能，我们应该使用混淆矩阵，它由预测值对照实际值的计数构成。二分类的混淆矩阵看起来就像表 5-6 一样。

表 5-6　混淆矩阵示例

实际/预测	预测类别(是)	预测类别(否)
实际类别(是)	正确的正面预测(TP)	错误的负面预测(FN)
实际类别(否)	错误的正面预测(FP)	正确的负面预测(TN)

下面来了解一下混淆矩阵中的个体值。

5.4.1　正确的正面预测

也就是实际上的确为正类别的值，并且模型也正确地预测出它们是正类别。
- 实际类别：正面(1)
- ML 模型预测类别：正面(1)

5.4.2　正确的负面预测

也就是实际上的确为负类别的值，并且模型也正确地预测出它们是负类别。
- 实际类别：负面(0)
- ML 模型预测类别：负面(1)

5.4.3　错误的正面预测

也就是实际上的确为负类别的值，但模型错误地预测它们是正类别。
- 实际类别：负面(0)
- ML 模型预测类别：正面(1)

5.4.4　错误的负面预测

也就是实际上的确为正类别的值，但模型错误地预测它们是负类别。
- 实际类别：正面(1)
- ML 模型预测类别：负面(1)

5.4.5　准确率

使用正确的正面预测和正确的负面预测之和除以记录总数，得到的就是准确率：

$$\frac{(TP + TN)}{\text{记录总数}}$$

不过如前所述，准确率并不总是首选的指标，因为目标类别是不均衡的。大多数时候，目标类别的出现次数都是有倾向性的(相比于 TP 样本而言，存在着大量的 TN 样本)。举个例子，欺诈检测的数据集会包含 99%的真实交易，但仅包含 1%的欺诈交易。现在，如果逻辑回归模型预测出所有的真实交易并且没有欺诈交易，那么最终准确率仍旧是 99%。关键之处是要找出关于正类别的性能；因此，还有其他几个评估指标可供我们使用。

5.4.6　召回率

召回率有助于从正类别角度评估模型的性能。它表明模型能够正确预测出的实际正面样本数占正面总样本数的百分比。

$$\frac{(TP)}{(TP + TN)}$$

召回率反映了机器学习模型在进行正类别预测时的性能。那么，在总的正类别中，模型能够正确预测出多少呢？这个指标被广泛用作分类模型的评估标准。

5.4.7　精度

精度就是实际正面样本数占模型预测出的所有正面样本数的百分比：

$$\frac{(TP)}{(TP + FP)}$$

这些也可以被用作评估标准。

5.4.8　F1 分数

$$F1 \ 分数 = 2 * \frac{精度 * 召回率}{精度 + 召回率}$$

5.4.9　截断/阈值概率

由于我们知道逻辑回归模型的输出就是概率分数，因此非常重要的一点就是确定预测概率的截断或阈值限制。默认情况下，概率阈值被设置为 50%。这意味着，如果模型输出的概率低于 50%，那么模型会将结果预测为负类别(0)；而如果输出概率等于或大于 50%，那么结果会被指定为正类别(1)。

如果阈值限制非常低，那么模型将预测出大量的正类别，并且会具有较高的召回率。相反，如果阈值概率非常高，那么模型可能会漏掉正面样本，并且召回率会很低，不过精度会较高。在这种情况下，模型会预测出非常少的正面校本。确定合适的阈值通常很有挑战性。受试者工作特征曲线或 ROC(Receiver Operator Characteristic)曲线有助于确定哪个阈值是最合适的。

5.4.10　ROC 曲线

ROC 曲线用于确定模型的阈值，它是召回率(也称为灵敏度)和精度(也称为明确性)之间的一条曲线，如图 5-7 所示。

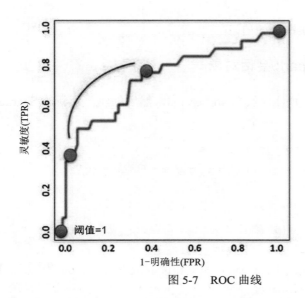

图 5-7　ROC 曲线

有些人喜欢选取一个在召回率和精度之间处于平衡的阈值。所以，我们现在要了解与逻辑回归相关的各种组成部分，并且继续使用 PySpark 构建一个逻辑回归模型。

5.5　逻辑回归代码

本节将重点介绍如何使用 PySpark 和 Jupyter Notebook 全新构建一个逻辑回归模型。

■ 提示：

可以从本书的GitHub仓库中获取源代码以及完整的数据集，最好基于Spark 2.3及其更高版本执行这些代码。

下面使用 Spark 的 MLlib 库构建一个逻辑回归模型并且预测目标类别标签。

5.5.1　数据信息

我们打算在这个示例中使用的数据集是一个虚拟数据集，其中总共包含 20 000 行和 6 列。我们必须借助逻辑回归模型并使用 5 个输入变量来预测目标类别。这个数据集包含与一家运动商品零售网站的在线用户有关的信息。这些数据包括用户的国家、所使用的平台、年龄、重复访客或新访客，还包含在该网站上浏览的网页数量，以及顾客最终是否购买产品的信息(转换状态)。

5.5.2 步骤 1：创建 Spark 会话对象

打开 Jupyter Notebook 并且导入 SparkSession，然后创建一个新的 SparkSession 对象以便使用 Spark。

```
[In]: from pyspark.sql import SparkSession
[In]: spark=SparkSession.builder.appName('log_reg').
      getOrCreate()
```

5.5.3 步骤 2：读取数据集

之后，要在 Spark 中使用 DataFrame 加载和读取数据集，就必须确保在数据集所处的同一目录中打开了 PySpark，否则必须提供数据文件夹的目录路径。

```
[In]: df=spark.read.csv('Log_Reg_dataset.csv',inferSchema=True,
      header=True)
```

5.5.4 步骤 3：探究式数据分析

这一节将更为深入地探究数据集，我们需要查看数据集，验证数据集的形状结构以及各种变量的统计指标。首先我们来检查数据集的形状结构：

```
[In]:print((df.count(), len(df.columns)))
[Out]: (20000, 6)
```

上面的输出确认了数据集的大小，并且可以验证输入值的数据类型以便检查是否需要变更/转换任何列的数据类型。

```
[In]: df.printSchema()
[Out]: root
 |-- Country: string (nullable = true)
 |-- Age: integer (nullable = true)
 |-- Repeat_Visitor: integer (nullable = true)
 |-- Search_Engine: string (nullable = true)
 |-- Web_pages_viewed: integer (nullable = true)
 |-- Status: integer (nullable = true)
```

正如上面所显示的，其中存在两个列(Country 和 Search_Engine)，它们都具有
类别特性，因此需要转换成数值形式。在 Spark 中，可以使用 show 函数查看数据集：

```
[In]: df.show(5)
[Out]:
```

```
+---------+---+--------------+-------------+----------------+------+
|  Country|Age|Repeat_Visitor|Search_Engine|Web_pages_viewed|Status|
+---------+---+--------------+-------------+----------------+------+
|    India| 41|             1|        Yahoo|              21|     1|
|   Brazil| 28|             1|        Yahoo|               5|     0|
|   Brazil| 40|             0|       Google|               3|     0|
|Indonesia| 31|             1|         Bing|              15|     1|
| Malaysia| 32|             0|       Google|              15|     1|
+---------+---+--------------+-------------+----------------+------+
only showing top 5 rows
```

现在可以使用 describe 函数检查数据集的统计指标：

```
[In]: df.describe().show()
[Out]:
```

```
+-------+--------+------------------+-------------------+-------------+-----------------+-------------------+
|summary| Country|               Age|     Repeat_Visitor|Search_Engine| Web_pages_viewed|             Status|
+-------+--------+------------------+-------------------+-------------+-----------------+-------------------+
|  count|   20000|             20000|              20000|        20000|            20000|              20000|
|   mean|    null|          28.53955|             0.5029|         null|           9.5533|                0.5|
| stddev|    null|7.888912950773227|0.500004090187782|         null|6.073903499824976|0.5000125004687693|
|    min|  Brazil|                17|                  0|         Bing|                1|                  0|
|    max|Malaysia|               111|                  1|        Yahoo|               29|                  1|
+-------+--------+------------------+-------------------+-------------+-----------------+-------------------+
```

我们可以观察到，访客的平均年龄接近于 28 岁，并且他们在访问网站期间大
约浏览了 9 个网页。

我们来研究一下每一列以便更深入地理解数据。与计数一起使用的 groupBy 函
数会返回数据中每个类别出现的次数。

```
[In]: df.groupBy('Country').count().show()
[Out]:
```

```
+---------+-----+
|  Country|count|
+---------+-----+
| Malaysia| 1218|
|    India| 4018|
|Indonesia|12178|
|   Brazil| 2586|
+---------+-----+
```

由此可以看出，最大数量的访客来自印度尼西亚，其次是印度：

```
[In]: df.groupBy('Search_Engine').count().show()
```

[Out]:

```
+-------------+-----+
|Search_Engine|count|
+-------------+-----+
|       Yahoo| 9859|
|        Bing| 4360|
|      Google| 5781|
+-------------+-----+
```

Yahoo 搜索引擎用户的数量最高：

[In]: df.groupBy('Status').count().show()

[Out]:

```
+------+-----+
|Status|count|
+------+-----+
|     1|10000|
|     0|10000|
+------+-----+
```

转换用户和未转换用户的数量是相等的。与 mean 函数一起使用 groupBy 函数以便了解与数据集有关的更多信息。

[In]: df.groupBy('Country').mean().show()

[Out]:

Country	avg(Age)	avg(Repeat_Visitor)	avg(Web_pages_viewed)	avg(Status)
Malaysia	27.792282430213465	0.5730706075533661	11.192118226600986	0.6568144499178982
India	27.976854156296664	0.5433051269288203	10.727227476356397	0.6212045793927327
Indonesia	28.43159796354081	0.5207751683363442	9.985711939563148	0.5422893742814913
Brazil	30.274169600154677	0.322892498066512	4.921113689095128	0.038669760247486466

转化率最高的国家是马来西亚，其次是印度。平均网页访问量最高的国家是马来西亚，最低的是巴西。

[In]: df.groupBy('Search_Engine').mean().show()

[Out]:

Search_Engine	avg(Age)	avg(Repeat_Visitor)	avg(Web_pages_viewed)	avg(Status)
Yahoo	28.569226087838523	0.5094837204584644	9.599655137437875	0.5071508266558474
Bing	28.68394495412844	0.4720183486238532	9.114908256880733	0.4559633027522936
Google	28.380038055699707	0.5149628092025601	9.804878048780488	0.5210171250648676

使用 Google 搜索引擎的访客具有最高的转化率。

```
[In]: df.groupBy(Status).mean().show()
[Out]:
```

```
+-------+---------+------------------+------------------+-----------+
|Status |avg(Age) |avg(Repeat_Visitor)|avg(Web_pages_viewed)|avg(Status)|
+-------+---------+------------------+------------------+-----------+
|     1 | 26.5435 |           0.7019 |          14.5617 |       1.0 |
|     0 | 30.5356 |           0.3039 |           4.5449 |       0.0 |
+-------+---------+------------------+------------------+-----------+
```

可以明显看出，转换状态和重复访客浏览的页面数量之间存在着强联系。

5.5.5 步骤 4：特征工程

本节使用 Spark 的 VectorAssembler 将类别变量转换成数值形式，并且创建包含所有输入特征的单个向量。

```
[In]: from pyspark.ml.feature import StringIndexer
[In]: from pyspark.ml.feature import VectorAssembler
```

因此，我们正在处理两个类别列，我们必须将国家(Country)和搜索引擎(Search_Engine)列转换成数值形式。机器学习模型无法理解类别值。

首次，需要使用 StringIndexer 将列标记为数值形式。StringIndexer 会为列的每一个类别分配独特的值。因此，在下面这个示例中，搜索引擎的所有三个值(Yahoo、Google、Bing)会被分配成(0.0、1.0、2.0)。可以在名为 Search_Engine_Num 的列中看出这一点。

```
[In]: search_engine_indexer =StringIndexer(inputCol="Search_
      Engine", outputCol="Search_Engine_Num").fit(df)
[In]: df = search_engine_indexer.transform(df)
[In]: df.show(3,False)
[Out]:
```

```
+-------+---+--------------+--------------+-----------------+------+-----------------+
|Country|Age|Repeat_Visitor|Search_Engine |Web_pages_viewed |Status|Search_Engine_Num|
+-------+---+--------------+--------------+-----------------+------+-----------------+
|India  |41 |1             |Yahoo         |21               |1     |0.0              |
|Brazil |28 |1             |Yahoo         |5                |0     |0.0              |
|Brazil |40 |0             |Google        |3                |0     |1.0              |
+-------+---+--------------+--------------+-----------------+------+-----------------+
only showing top 3 rows
```

```
[In]: df.groupBy('Search_Engine').count().orderBy('count',
      ascending=False).show(5,False)
[Out]:
```

```
+---------------+-----+
|Search_Engine |count|
+---------------+-----+
|Yahoo          |9859 |
|Google         |5781 |
|Bing           |4360 |
+---------------+-----+
```

[In]: df.groupBy('Search_Engine_Num').count().orderBy('count', ascending=False).show(5,False)

[Out]:

```
+-----------------+-----+
|Search_Engine_Num|count|
+-----------------+-----+
|0.0              |9859 |
|1.0              |5781 |
|2.0              |4360 |
+-----------------+-----+
```

下一步就是将这些值中的每一个表示成独热编码向量的形式。不过，这个向量在表现形式方面有一些不同，因为它会捕获值以及这些值在该向量中的位置。

[In]: from pyspark.ml.feature import OneHotEncoder
[In]: search_engine_encoder=OneHotEncoder(inputCol="Search_Engine_Num", outputCol="Search_Engine_Vector")
[In]: df = search_engine_encoder.transform(df)
[In]: df.show(3,False)
[Out]:

```
+-------+---+--------------+-------------+----------------+------+-----------------+--------------------+
|Country|Age|Repeat_Visitor|Search_Engine|Web_pages_viewed|Status|Search_Engine_Num|Search_Engine_Vector|
+-------+---+--------------+-------------+----------------+------+-----------------+--------------------+
|India  |41 |1             |Yahoo        |21              |1     |0.0              |(2,[0],[1.0])       |
|Brazil |28 |1             |Yahoo        |5               |0     |0.0              |(2,[0],[1.0])       |
|Brazil |40 |0             |Google       |3               |0     |1.0              |(2,[1],[1.0])       |
+-------+---+--------------+-------------+----------------+------+-----------------+--------------------+
only showing top 3 rows
```

[In]: df.groupBy('Search_Engine_Vector').count().orderBy('count', ascending=False).show(5,False)

[Out]:

```
+--------------------+-----+
|Search_Engine_Vector|count|
+--------------------+-----+
|(2,[0],[1.0])       |9859 |
|(2,[1],[1.0])       |5781 |
|(2,[],[])           |4360 |
+--------------------+-----+
```

我们要用于构建逻辑回归的最终特征就是 Search_Engine_Vector。现在，我们来理解一下这些列的值代表着什么。

```
(2,[0],[1.0]) represents a vector of length 2 , with 1 value :
Size of Vector - 2
Value contained in vector - 1.0
Position of 1.0 value in vector - 0^{th} place
```

这类表示形式可以节省计算空间，因而计算耗时较短。向量的长度等于元素总数减一，因为每个值都可以轻易地借助两列来表示。例如，如果需要使用独热编码来表示搜索引擎，我们可以方便地将它们表示成下面这样：

搜索引擎	Google	Yahoo	Bing
Google	1	0	0
Yahoo	0	1	0
Bing	0	0	1

以最优方法表示上述信息的另一种方式就是仅使用两列而非三列，如下所示：

搜索引擎	Google	Yahoo
Google	1	0
Yahoo	0	1
Bing	0	0

现在为其他类别列(Country)重复相同的处理过程：

```
[In]: country_indexer = StringIndexer(inputCol="Country",
      outputCol="Country_Num").fit(df)
[In]: df = country_indexer.transform(df)
[In]: df.groupBy('Country').count().orderBy('count',ascending=
      False).show(5,False)
[Out]:
```

```
+---------+-----+
|Country  |count|
+---------+-----+
|Indonesia|12178|
|India    |4018 |
|Brazil   |2586 |
|Malaysia |1218 |
+---------+-----+
```

```
[In]: df.groupBy('Country_Num').count().orderBy('count',
```

```
           ascending=False).show(5,False)
[Out]:
```

```
+-----------+-----+
|Country_Num|count|
+-----------+-----+
|0.0        |12178|
|1.0        |4018 |
|2.0        |2586 |
|3.0        |1218 |
+-----------+-----+
```

```
[In]: country_encoder = OneHotEncoder(inputCol="Country_Num",
      outputCol="Country_Vector")
[In]: df = country_encoder.transform(df)
[In]: df.select(['Country','Country_Num','Country_Vector']).
      show(3,False)
[Out]:
```

```
+-------+-----------+--------------+
|Country|country_Num|Country_Vector|
+-------+-----------+--------------+
|India  |1.0        |(3,[1],[1.0]) |
|Brazil |2.0        |(3,[2],[1.0]) |
|Brazil |2.0        |(3,[2],[1.0]) |
+-------+-----------+--------------+
only showing top 3 rows
```

```
[In]: df.groupBy('Country_Vector').count().orderBy('count',
      ascending=False).show(5,False)
[Out]:
```

```
+--------------+-----+
|Country_Vector|count|
+--------------+-----+
|(3,[0],[1.0]) |12178|
|(3,[1],[1.0]) |4018 |
|(3,[2],[1.0]) |2586 |
|(3,[],[])     |1218 |
+--------------+-----+
```

现在，我们已经将这两个类别列转换成了数值形式，接下来需要将所有的输入列组装成单个向量，该向量充当模型的输入特征。

因此，我们选择需要用于创建这个特征向量的输入列，并且将输出向量命名为 features：

```
[In]: df_assembler = VectorAssembler(inputCols=['Search_Engine_
      Vector','Country_Vector','Age', 'Repeat_Visitor',
```

```
                        'Web_pages_viewed'], outputCol="features")
[In]: df = df_assembler.transform(df)
[In]: df.printSchema()
[Out]:
root
 |-- Country: string (nullable = true)
 |-- Age: integer (nullable = true)
 |-- Repeat_Visitor: integer (nullable = true)
 |-- Search_Engine: string (nullable = true)
 |-- Web_pages_viewed: integer (nullable = true)
 |-- Status: integer (nullable = true)
 |-- Search_Engine_Num: double (nullable = false)
 |-- Search_Engine_Vector: vector (nullable = true)
 |-- Country_Num: double (nullable = false)
 |-- Country_Vector: vector (nullable = true)
 |-- features: vector (nullable = true)
```

正如我们可以看到的，现在有了一个额外的名为 features 的列，它不过是被表示成单个密集向量的所有输入特征的组合而已。

```
[In]: df.select(['features','Status']).show(10,False)
[Out]:
```

```
+------------------------------------+------+
|features                            |Status|
+------------------------------------+------+
|[1.0,0.0,0.0,1.0,0.0,41.0,1.0,21.0] |1     |
|[1.0,0.0,0.0,0.0,1.0,28.0,1.0,5.0]  |0     |
|(8,[1,4,5,7],[1.0,1.0,40.0,3.0])    |0     |
|(8,[2,5,6,7],[1.0,31.0,1.0,15.0])   |1     |
|(8,[1,5,7],[1.0,32.0,15.0])         |1     |
|(8,[1,4,5,7],[1.0,1.0,32.0,3.0])    |0     |
|(8,[1,4,5,7],[1.0,1.0,32.0,6.0])    |0     |
|(8,[1,2,5,7],[1.0,1.0,27.0,9.0])    |0     |
|(8,[0,2,5,7],[1.0,1.0,32.0,2.0])    |0     |
|(8,[2,5,6,7],[1.0,31.0,1.0,16.0])   |1     |
+------------------------------------+------+
only showing top 10 rows
```

我们仅选择 features 列作为输入，并且选择 Status 列作为输出，以便用于训练逻辑回归模型。

```
[In]: model_df=df.select(['features','Status'])
```

5.5.6 步骤 5：划分数据集

我们必须将数据集划分成训练集和测试集，以便训练和评估逻辑回归模型的性能。我们要按照 75/25 的比例划分数据集，并且基于数据集 75% 的部分训练模型。划分数据集的另一个用途就是，我们可以使用 75% 的数据来应用交叉验证，以便得出最佳的超参数。交叉验证是另一种不同的类型，其中要保留一部分训练数据用于训练，而剩余部分用于验证。k-fold 交叉验证主要用于使用最佳超参数来训练模型。

可以打印训练数据和测试数据的形状结构以便验证大小：

```
[In]: training_df,test_df=model_df.randomSplit([0.75,0.25])
[In]: print(training_df.count())
[Out]: (14907)
[In]: training_df.groupBy('Status').count().show()
[Out]:
+------+-----+
|Status|count|
+------+-----+
|     1| 7417|
|     0| 7490|
+------+-----+
```

这样就可以确保训练集和测试集中具有一组平衡的目标类别(Status)。

```
[In]:print(test_df.count())
[Out]: (5093)
[In]: test_df.groupBy('Status').count().show()
[Out]:
+------+-----+
|Status|count|
+------+-----+
|     1| 2583|
|     0| 2510|
+------+-----+
```

5.5.7 步骤 6：构建和训练逻辑回归模型

下面使用 features 作为输入列并且使用 Status 作为输出列来构建和训练逻辑回归模型。

```
[In]: from pyspark.ml.classification import LogisticRegression
[In]: log_reg=LogisticRegression(labelCol='Status').
      fit(training_df)
```

5.5.8 训练结果

可以使用 Spark 中的 evaluate 函数来获取模型做出的预测，该函数会以最优方式执行所有的步骤。这样就会得到另一个 DataFrame，它总共包含四列，其中包括 prediction 和 probability 列。prediction 列表明模型为指定行预测的类别标签，而 probability 列则包含两个概率(第 0 个索引出负类别的概率以及第 1 个索引出正类别的概率)。

```
[In]: train_results=log_reg.evaluate(training_df).predictions
[In]: train_results.filter(train_results['Status']==1).
      filter(train_results['prediction']==1).select(['Status',
      'prediction','probability']).show(10,False)
[Out]:
+------+----------+--------------------------------------+
|Status|prediction|probability                           |
+------+----------+--------------------------------------+
|1     |1.0       |[0.2978572628475072,0.7021427371524929] |
|1     |1.0       |[0.2978572628475072,0.7021427371524929] |
|1     |1.0       |[0.16704676975730415,0.8329532302426959]|
|1     |1.0       |[0.16704676975730415,0.8329532302426959]|
|1     |1.0       |[0.16704676975730415,0.8329532302426959]|
|1     |1.0       |[0.08659913656062515,0.9134008634393749]|
|1     |1.0       |[0.08659913656062515,0.9134008634393749]|
|1     |1.0       |[0.08659913656062515,0.9134008634393749]|
|1     |1.0       |[0.08659913656062515,0.9134008634393749]|
|1     |1.0       |[0.08659913656062515,0.9134008634393749]|
+------+----------+--------------------------------------+
```

因此，在上面的结果中，第 0 个索引处的概率是为 Status = 0 预测的，而第 1 个索引处的概率是为 Status =1 预测的。

5.5.9　步骤 7：在测试数据上评估线性回归模型

整个练习的最后一部分就是基于未知或测试数据检查模型的性能。我们需要再次利用 evaluate 函数对测试数据进行预测。

将预测的 DataFrame 分配给结果，而结果 DataFrame 现在包含五列。

```
[In]:results=log_reg.evaluate(test_df).predictions
[In]: results.printSchema()
[Out]:
root
 |-- features: vector (nullable = true)
 |-- Status: integer (nullable = true)
 |-- rawPrediction: vector (nullable = true)
 |-- probability: vector (nullable = true)
 |-- prediction: double (nullable = false)
```

可以使用 select 关键字过滤出我们希望看到的列。

```
[In]: results.select(['Status','prediction']).show(10,False)
[Out]:
+------+----------+
|Status|prediction|
+------+----------+
|0     |0.0       |
|0     |0.0       |
|0     |0.0       |
|0     |0.0       |
|1     |0.0       |
|0     |0.0       |
|1     |1.0       |
|0     |1.0       |
|1     |1.0       |
|1     |1.0       |
+------+----------+
```

由于这是一个分类问题，因此我们需要使用混淆矩阵来评估模型的性能。

5.5.10 混淆矩阵

我们需要手动创建用于正确的正面预测、正确的负面预测、错误的正面预测以及错误的负面预测的变量，以便更好地理解它们，而不是直接使用内置函数。

```
[In]:tp = results[(results.Status == 1) & (results.prediction
        == 1)].count()
[In]:tn = results[(results.Status == 0) & (results.prediction
        == 0)].count()
[In]:fp = results[(results.Status == 0) & (results.prediction
        == 1)].count()
[In]:fn = results[(results.Status == 1) & (results.prediction
        == 0)].count()
```

1. 准确率

正如本章已经探讨过的，准确率是评估所有分类器的最基础指标；不过，准确率并非模型性能的恰当指示器，因为它依赖于目标类别的平衡性。

$$\frac{(TP + TN)}{TP + TN + FP + FN}$$

```
[In]: accuracy=float((true_postives+true_negatives) /(results.
count()))
[In]:print(accuracy)
[Out]: 0.9374255065554231
```

我们所构建模型的准确率大约是 94%。

2. 召回率

召回率反映了我们能够正确预测出的正类别样本数占正类别观测值总数的比例：

$$\frac{TP}{(TP + FN)}$$

```
[In]: recall = float(true_postives)/(true_postives + false_
    negatives)
```

71

```
[In]:print(recall)
[Out]: 0.937524870672503
```

我们所构建模型的召回率大约是 0.94。

3. 精度

精度指的是正确预测出的正确正面样本数占所有预测的正面观测值总数的比例：

$$\frac{TP}{(TP+FP)}$$

```
[In]: precision = float(true_postives) / (true_postives +
      false_positives)
[In]: print(precision)
[Out]: 0.9371519490851233
```

因此，召回率和精度处于相同的区间，这是因为实际上目标类别的平衡性很好。

5.6 小结

本章介绍了理解构建逻辑回归的构造块、将类别列转换成数值特征，以及使用 PySpark 全新构建逻辑回归模型的过程。

第6章

■■■■

随 机 森 林

本章主要讲解使用PySpark构建随机森林(Random Forest，RF)以用于分类目的。其中将会介绍随机森林的各个方面以及预测是如何执行的；不过在讲解随机森林之前，我们必须知道，RF的构造块其实是一颗决策树(DT)。决策树也被用于分类/回归。不过在准确率方面，随机森林要优于DT分类器，本章将会阐释各种缘由。接下来介绍决策树。

6.1　决策树

决策树属于有监督机器学习，并且使用频率表进行预测。决策树的一个优势在于，它可以同时应对类别变量和数值变量。顾名思义，决策树会以某种树型结构进行操作，并且基于各种划分形成这些规则以便最终进行预测。决策树中使用的算法是由 J. R. Quinlan 开发的 ID3。

可以将决策树分解成不同的组成部分，如图 6-1 所示。

从决策树分支出的最顶部分割节点被称为根节点；在图 6-1 中，年龄就是根节点。圆形中的值被称为叶子节点或预测。我们通过一个样本数据集来理解决策树实际上是如何工作的。

表 6-1 中的数据包含处于不同年龄分组以及具有不同特征的人的一些样本数据。基于这些特征做出的最终决策就是，保费是否应该处于较高范围。这是一个典型的分类案例，我们将使用决策树进行分类。该数据集包含四个输入列(年龄分组、吸烟者、患病与否、薪酬水平)。

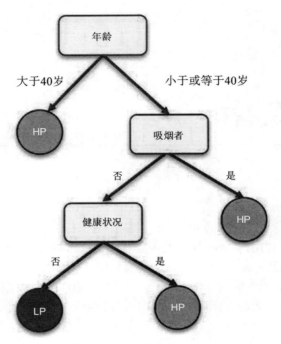

图 6-1　决策树

表 6-1　样本数据集

年龄分组	吸烟者	患病与否	薪酬水平	保费
老年	是	是	高	高
少年	是	是	中	高
青年	是	是	中	低
老年	否	是	高	高
青年	是	是	高	低
少年	否	是	低	高
少年	否	否	低	低
老年	否	否	低	高
少年	否	是	中	高
青年	否	是	低	高
青年	是	否	高	低
少年	是	否	中	低
青年	否	否	中	高
老年	是	否	中	高

6.1.1 熵

决策树生成这份数据子集的方式是，那些子集中的每一个都包含相同的类别值 (同质性)；为了计算同质性，我们需要使用熵。也可以使用几个其他的指标来计算同质性，例如基尼系数和分类误差，不过我们将使用熵来理解决策树的工作原理。计算熵的公式是：

$$-p\log_2 p - q\log_2 q$$

图 6-2 表明，如果子集完全干净，那么熵就等于零；这意味着子集仅归属于单个类别。而如果子集被均等地划分成两个类别，那么熵就等于 1。

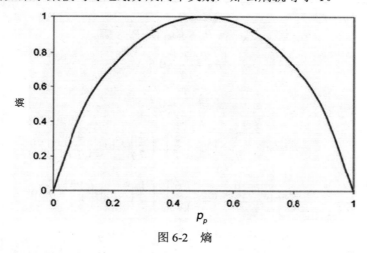

图 6-2 熵

如果希望计算目标变量(保费)的熵，则必须首先计算每个类别的概率，然后使用上面的公式计算熵。

保费	
高(9)	低(5)

高保费类别的概率等于 9/14 = 0.64
低保费类别的概率等于 5/14 = 0.36
熵 $= -p(高保费)\log_2(p(高保费)) - p(低保费)\log_2(p(低保费))$
  $= -(0.64 \times \log_2(0.64)) - (0.36 \times \log_2(0.36))$
  $= 0.94$
为了构建决策树，我们需要计算两类熵：
- 目标熵(保费)
- 具有特征的目标熵(例如保费-吸烟者)

前面已经讲解了一个目标的熵，现在我们计算具有一个输入特征的另一个目标的熵。例如，考虑一下使用吸烟者特征的情形。

$$熵_{(目标, 特征)} = 概率_{特征} \times 熵_{类别}$$

熵计算 目标——保费 特征——吸烟者		保费(目标)	
		高(9)	低(5)
吸烟者	是(7)	3	4
(特征)	否(7)	6	1

$$熵_{(目标, 吸烟者)} = P_是 \times 熵_{(3,4)} + P_否 \times 熵_{(6,1)}$$

$$P_是 = \frac{7}{14} = 0.5$$

$$P_否 = \frac{7}{14} = 0.5$$

$$熵_{(3,4)} = -\frac{3}{7} \times \log_2\left(\frac{3}{7}\right) - \left(\frac{4}{7}\right) \times \log_2\left(\frac{4}{7}\right) = 0.99$$

$$熵_{(6,1)} = -\frac{6}{7} \times \log_2\left(\frac{6}{7}\right) - \left(\frac{1}{7}\right) \times \log_2\left(\frac{1}{7}\right) = 0.59$$

$$熵_{(目标, 吸烟者)} = 0.59 \times 0.99 + 0.5 \times 0.59 = 0.79$$

类似地，我们要计算其他所有特征的熵：

$$熵_{(目标, 年龄分组)} = 0.69$$
$$熵_{(目标, 患病与否)} = 0.89$$
$$熵_{(目标, 薪酬水平)} = 0.91$$

6.1.2 信息增益

信息增益(Information Gain，IG)用于在决策树中进行划分。能够提供最大信息增益的特征会被用于划分子集。信息增益会表明，就进行预测而言，所有特征中的哪个才是最重要的特征。就熵这方面而言，IG 就是基于特征进行划分前后的目标的熵变化。

$$信息增益 = 熵_{(目标)} - 熵_{(目标, 特征)}$$
$$IG_{吸烟者} = 熵_{(目标)} - 熵_{(目标, 吸烟者)}$$
$$= 0.94 - 0.79$$
$$= 0.15$$
$$IG_{年龄分组} = 熵_{(目标)} - 熵_{(目标, 年龄分组)}$$
$$= 0.94 - 0.69$$
$$= 0.25$$
$$IG_{患病与否} = 熵_{(目标)} - 熵_{(目标, 患病与否)}$$
$$= 0.94 - 0.89$$
$$= 0.05$$
$$IG_{薪酬水平} = 熵_{(目标)} - 熵_{(目标, 薪酬水平)}$$
$$= 0.94 - 0.91$$
$$= 0.03$$

正如可以从中观察到的，年龄分组特征提供了最大的信息增益；因此决策树的根节点就是年龄分组，并且首次划分会基于该特征来进行，如图 6-3 所示。

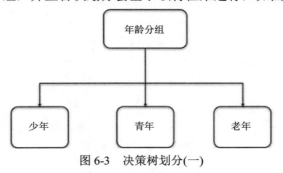

图 6-3　决策树划分(一)

找出下一个能够提供最大信息增益的特征的过程会递归式持续，并且在决策树中进行进一步的划分。最终，决策树看起来可能会像图 6-4 那样。

决策树带来的优势在于，只要沿着根节点通向任意叶子节点的路径，就能轻易地将决策树转换成一组规则，因此可以轻易地将其用于分类。与决策树相关的超参数有很多组，它们可以提供以不同方式构建树的更多选项。其中之一就是最大深度，它允许我们决定决策树的深度；树的深度越大，树的分叉就越多，也就越可能会出现过拟合的情况。

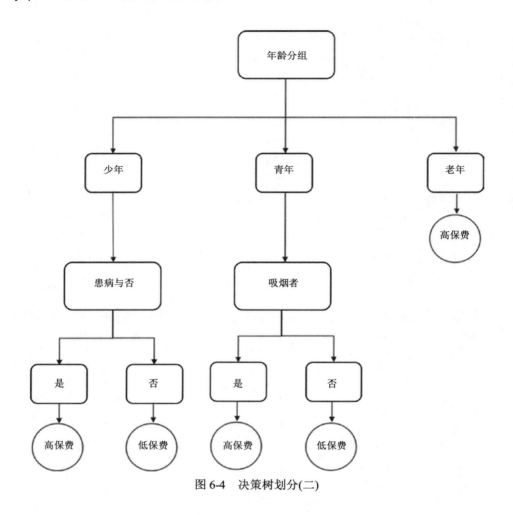

图 6-4　决策树划分(二)

6.2　随机森林

现在，我们了解了决策树的工作原理，可以继续了解随机森林了。顾名思义，随机森林是由许多树构成的：大量的决策树。它们非常受欢迎，并且有时候是有监督机器学习的首选方法。随机森林也可以用于分类和回归。它们会合并来自大量个体决策树的投票，然后使用多数选票预测类别，或者在回归场景下采用平均选票进行决策。这一机制非常有效，因为弱分类器最终会分组到一起以便做出有力的预测。重要之处在于这些决策树的组成方式。"随机"这一名称出现在 RF 中的原因在于，树的组成方式是通过一组随机特征和一组随机训练样本得出的。现在，通过存在一些差异的数据点集合来训练的每一棵决策树都会学习输入和输出之间的关系，而这最终会与使用其他数据点集合来训练的其他决策树的预测进行合并，这样也就形成了随机森林。如果采用与前面类似的示例，并且创建具有五棵决策树的随机森林，那么结构看起来就会像图 6-5 一样。

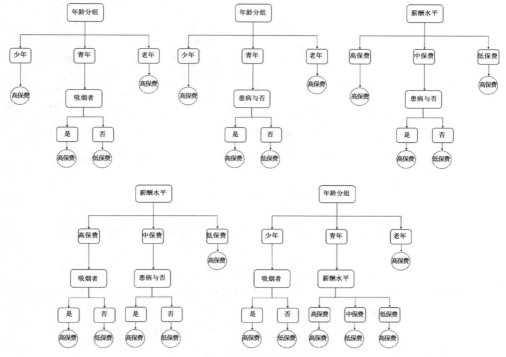

图 6-5　个体决策树

现在，这些决策树中的每一棵都使用一个数据子集来训练，也都各自使用了一个特征子集。这被称为"装袋(Bagging)"技术——自助聚集。每棵树都会对预测进行投票，并且具有最多票数的类别就是随机森林分类器最终做出的预测，如图 6-6 所示。

随机森林提供的其中一些好处如下。

● 特征重要性：就预测能力而言，随机森林可以提供被用于训练的每一个特征的重要性。这就提供了一个绝佳的机会来选取相关特征以及丢弃较弱的特征。所有特征的重要性之和总是等于 1。

● 准确率提升：由于随机森林会收集来自个体决策树的投票，因此随机森林的预测能力相比个体决策树而言是相对较高的。

● 较少的过拟合：个体分类器的结果会被平均或者计算最大投票数，因此会降低过拟合的概率。

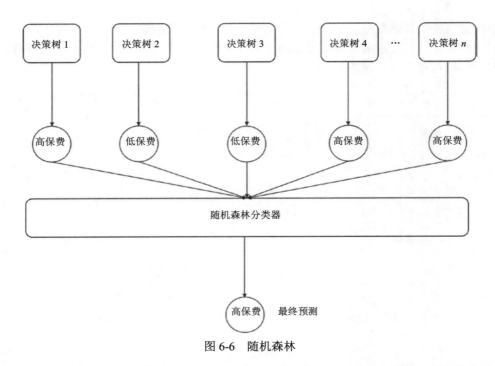

图 6-6　随机森林

随机森林的其中一个缺点在于，相比一棵决策树而言，难以可视化，并且涉及更多的计算，因为会构建多个个体分类器。

6.3　代码

本节主要介绍如何使用 PySpark 和 Jupyter Notebook 全新构建一个随机森林分类器。

■　提示：
可以从本书的GitHub仓库中获取源代码以及完整的数据集，最好基于Spark 2.0及其更高版本执行这些代码。

接下来我们使用 Spark 的 MLlib 库构建一个随机森林模型，并且使用输入特征预测目标变量。

6.3.1　数据信息

这个示例中，所要使用的数据集是一个具有几千行和六列的开源数据集。我们必须通过随机森林模型使用五个输入变量来预测目标变量。

6.3.2 步骤 1：创建 SparkSession 对象

打开 Jupyter Notebook 并且引入 SparkSession，然后创建一个新的 SparkSession
对象以便使用 Spark：

```
[In]: from pyspark.sql import SparkSession
[In]: spark=SparkSession.builder.appName('random_forest').
getOrCreate()
```

6.3.3 步骤 2：读取数据集

之后，要在 Spark 中使用 DataFrame 加载和读取数据集，就必须确保在数据集
所处的同一目录中打开了 PySpark，否则必须提供数据文件夹的目录路径：

```
[In]: df=spark.read.csv('affairs.csv',inferSchema=True,header=True)
```

6.3.4 步骤 3：探究式数据分析

这一节将更为深入地探究数据集，我们需要查看数据集，验证数据集的形状结
构以及各种变量的统计指标。首先我们来检查数据集的形状结构：

```
[In]: print((df.count(), len(df.columns)))
[Out]: (6366, 6)
```

因此，上述输出确认了数据集的大小，可以验证输入值的数据类型，以便检查
是否需要对任何列的数据类型进行变更/转换：

```
[In]: df.printSchema()
[Out]: root
 |-- rate_marriage: integer (nullable = true)
 |-- age: double (nullable = true)
 |-- yrs_married: double (nullable = true)
 |-- children: double (nullable = true)
 |-- religious: integer (nullable = true)
 |-- affairs: integer (nullable = true)
```

如上所示，没有任何类别列需要转换成数值形式。我们使用 Spark 中的 show 函数来看看数据集：

```
[In]: df.show(5)
[Out]:
```

```
+-------------+----+------------+--------+---------+-------+
|rate_marriage| age|yrs_married|children|religious|affairs|
+-------------+----+------------+--------+---------+-------+
|            5|32.0|         6.0|     1.0|        3|      0|
|            4|22.0|         2.5|     0.0|        2|      0|
|            3|32.0|         9.0|     3.0|        3|      1|
|            3|27.0|        13.0|     3.0|        1|      1|
|            4|22.0|         2.5|     0.0|        1|      1|
+-------------+----+------------+--------+---------+-------+
only showing top 5 rows
```

现在可以使用 describe 函数来仔细检查数据集的统计指标：

```
[In]: df.describe().select('summary','rate_marriage','age',
      'yrs_married','children','religious').show()
[Out]:
```

summary	rate_marriage	age	yrs_married	children	religious
count	6366	6366	6366	6366	6366
mean	4.109644989004084	29.082862079798932	9.009425070680803	1.3968740182218033	2.4261702796104303
stddev	0.9614295945655025	6.847881883668817	7.280119972766412	1.433470828560344	0.8783688402641785
min	1	17.5	0.5	0.0	1
max	5	42.0	23.0	5.5	4

可以从中观察到，这些人的平均年龄接近于 29 岁，并且他们平均已经结婚 9 年了。

我们来研究一下每一列以便更加深入地理解这些数据。与计数一起使用的 groupBy 函数会返回数据中每个类别出现的次数。

```
[In]: df.groupBy('affairs').count().show()
[Out]:
```

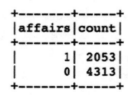

```
+-------+-----+
|affairs|count|
+-------+-----+
|      1| 2053|
|      0| 4313|
+-------+-----+
```

因此，总人数中有33%的人涉及某种程度的婚外恋。

```
[In]: df.groupBy('rate_marriage').count().show()
[Out]:
```

```
+-------------+-----+
|rate_marriage|count|
+-------------+-----+
|            1|   99|
|            3|  993|
|            5| 2684|
|            4| 2242|
|            2|  348|
+-------------+-----+
```

大多数人对婚姻的评分都非常高(4 或 5)，其余的人对婚姻的评分较低。我们稍微进一步挖掘一下，以便了解婚姻评分是否与婚外恋有关。

```
[In]: df.groupBy('rate_marriage','affairs').count().
orderBy('rate_marriage','affairs','count',ascending=
True).show()
[Out]:
```

```
+-------------+-------+-----+
|rate_marriage|affairs|count|
+-------------+-------+-----+
|            1|      0|   25|
|            1|      1|   74|
|            2|      0|  127|
|            2|      1|  221|
|            3|      0|  446|
|            3|      1|  547|
|            4|      0| 1518|
|            4|      1|  724|
|            5|      0| 2197|
|            5|      1|  487|
+-------------+-------+-----+
```

显然，这些图表表明，在对婚姻评分较低的人中，有很高比例都涉及婚外恋。这可以证明婚姻评分对于预测而言是有用的特征。我们将以类似方式探究其他变量。

```
[In]: df.groupBy('religious','affairs').count().orderBy('religious',
      'affairs','count',ascending=True).show()
[Out]:
```

```
+---------+-------+-----+
|religious|affairs|count|
+---------+-------+-----+
|        1|      0|  613|
|        1|      1|  408|
|        2|      0| 1448|
|        2|      1|  819|
|        3|      0| 1715|
|        3|      1|  707|
|        4|      0|  537|
|        4|      1|  119|
+---------+-------+-----+
```

　　类似的研究还体现在宗教信仰方面的评分，对宗教特征评分较低的人中，涉及婚外恋的比例也较高。

```
[In]: df.groupBy('children','affairs').count().orderBy('children',
      'affairs','count',ascending=True).show()
[Out]:
```

```
+--------+-------+-----+
|children|affairs|count|
+--------+-------+-----+
|     0.0|      0| 1912|
|     0.0|      1|  502|
|     1.0|      0|  747|
|     1.0|      1|  412|
|     2.0|      0|  873|
|     2.0|      1|  608|
|     3.0|      0|  460|
|     3.0|      1|  321|
|     4.0|      0|  197|
|     4.0|      1|  131|
|     5.5|      0|  124|
|     5.5|      1|   79|
+--------+-------+-----+
```

　　上面这张表并没有清楚地表明子女数量与涉及婚外恋之间的关系是否具有任何关联趋势。将 mean 和 groupBy 函数一起使用以便了解与数据集有关的更多信息。

```
[In]: df.groupBy('affairs').mean().show()
[Out]:
```

affairs	avg(rate_marriage)	avg(age)	avg(yrs_married)	avg(children)	avg(religious)	avg(affairs)
1	3.6473453482708234	30.537018996590355	11.152459814905017	1.7289332683877252	2.2615684364344486	1.0
0	4.329700904242986	28.39067934152562	7.989334569904939	1.2388128912589844	2.5045212149316023	0.0

因此，涉及婚外恋的人对婚姻评分较低，并且从年龄角度看也年老一些，他们已经结婚多年并且缺乏宗教信仰。

6.3.5 步骤 4：特征工程

本节使用 Spark 的 VectorAssembler 来创建合并所有输入特征的单个向量：

```
[In]: from pyspark.ml.feature import VectorAssembler
```

我们需要将所有的输入列组装成单个向量，该向量会充当模型的输入特征。因此，我们选取需要用来创建单个特征向量的输入列，并且将输出向量命名为 features。

```
[In]: df_assembler = VectorAssembler(inputCols=['ra
te_marriage', 'age', 'yrs_married', 'children',
'religious'], outputCol="features")
[In]: df = df_assembler.transform(df)
[In]: df.printSchema()
[Out]:
root
 |-- rate_marriage: integer (nullable = true)
 |-- age: double (nullable = true)
 |-- yrs_married: double (nullable = true)
 |-- children: double (nullable = true)
 |-- religious: integer (nullable = true)
 |-- affairs: integer (nullable = true)
 |-- features: vector (nullable = true)
```

如你所见，现在有额外的一个名为 features 的列，它合并了所有的输入特征并且表示为单个密集向量。

```
[In]: df.select(['features','affairs']).show(10,False)
[Out]:
```

```
+----------------------------+-------+
|features                    |affairs|
+----------------------------+-------+
|[5.0,32.0,6.0,1.0,3.0]      |0      |
|[4.0,22.0,2.5,0.0,2.0]      |0      |
|[3.0,32.0,9.0,3.0,3.0]      |1      |
|[3.0,27.0,13.0,3.0,1.0]     |1      |
|[4.0,22.0,2.5,0.0,1.0]      |1      |
|[4.0,37.0,16.5,4.0,3.0]     |1      |
|[5.0,27.0,9.0,1.0,1.0]      |1      |
|[4.0,27.0,9.0,0.0,2.0]      |1      |
|[5.0,37.0,23.0,5.5,2.0]     |1      |
|[5.0,37.0,23.0,5.5,2.0]     |1      |
+----------------------------+-------+
only showing top 10 rows
```

我们仅选取 features 列作为输入，并且将 affairs 列用于输出，以便训练随机森林模型。

```
[In]: model_df=df.select(['features','affairs'])
```

6.3.6 步骤 5：划分数据集

我们必须将数据集划分成训练集和测试集，以便训练和评估随机森林模型的性能。我们将按照 75/25 的比例来划分数据集，并且基于数据集的 75% 来训练模型。我们可以打印训练和测试数据的形状格式以便验证大小。

```
[In]: train_df,test_df=model_df.randomSplit([0.75,0.25])
[In]: print(train_df.count())
[Out]: 4775
[In]: train_df.groupBy('affairs').count().show()
[Out]:
+-------+-----+
|affairs|count|
+-------+-----+
|      1| 1560|
|      0| 3215|
+-------+-----+
```

这样就可以确保训练集和测试集中具有一组平衡的目标类别(affairs)。

```
[In]: test_df.groupBy('affairs').count().show()
[Out]:
+-------+-----+
|affairs|count|
+-------+-----+
|      1|  493|
|      0| 1098|
+-------+-----+
```

6.3.7 步骤 6：构建和训练随机森林模型

下面使用 features 作为输入并且将 Status 作为输出列，以便构建和训练随机森林模型。

```
[In]: from pyspark.ml.classification import
      RandomForestClassifier
[In]: rf_classifier=RandomForestClassifier(labelCol='affairs',
      numTrees=50).fit(train_df)
```

有许多超参数可供设置以便微调模型的性能，不过，此处除了设置我们希望构建的决策树的数量之外，其余的超参数都要选择默认值。

6.3.8 步骤 7：基于测试数据进行评估

一旦完成基于训练集的模型训练，就可以基于测试集评估模型的性能了。

```
[In]: rf_predictions=rf_classifier.transform(test_df)
[In]: rf_predictions.show()
[Out]:
```

```
+-------------------+--------+--------------------+-------------------+----------+
|           features|affairs|       rawPrediction|        probability|prediction|
+-------------------+--------+--------------------+-------------------+----------+
|[1.0,22.0,2.5,0.0...|      1|[14.6041967294583...|[0.29208393458916...|       1.0|
|[1.0,22.0,2.5,0.0...|      1|[16.0932303205154...|[0.32186460641030...|       1.0|
|[1.0,22.0,2.5,1.0...|      0|[17.7239032353726...|[0.35447806470745...|       1.0|
|[1.0,22.0,2.5,1.0...|      0|[19.2192402721879...|[0.38438480544375...|       1.0|
|[1.0,27.0,2.5,0.0...|      0|[14.2152260900801...|[0.28430452180160...|       1.0|
|[1.0,27.0,6.0,0.0...|      0|[18.8525524550372...|[0.37705104910074...|       1.0|
|[1.0,27.0,6.0,1.0...|      1|[18.3786805465211...|[0.36757361093042...|       1.0|
|[1.0,27.0,6.0,2.0...|      1|[19.3152479691891...|[0.38630495938378...|       1.0|
|[1.0,27.0,9.0,4.0...|      0|[20.9219018279125...|[0.41843803655825...|       1.0|
|[1.0,32.0,13.0,2....|      1|[15.2094265653290...|[0.30418853130658...|       1.0|
|[1.0,32.0,13.0,2....|      1|[12.9702263358626...|[0.25940452671725...|       1.0|
|[1.0,32.0,16.5,3....|      1|[17.1442313409021...|[0.34288462681804...|       1.0|
|[1.0,37.0,13.0,3....|      1|[16.0227955310337...|[0.32045591062067...|       1.0|
|[1.0,37.0,16.5,1....|      1|[15.2566244058027...|[0.30513248811605...|       1.0|
|[1.0,37.0,16.5,2....|      1|[15.8784129457800...|[0.31756825891560...|       1.0|
|[1.0,37.0,16.5,3....|      1|[12.6530379071666...|[0.25306075814333...|       1.0|
|[1.0,37.0,16.5,3....|      1|[12.6530379071666...|[0.25306075814333...|       1.0|
|[1.0,42.0,16.5,2....|      1|[16.1127125117274...|[0.32225425023454...|       1.0|
|[1.0,42.0,16.5,5....|      1|[22.7022609214829...|[0.45404521842965...|       1.0|
|[1.0,42.0,23.0,2....|      1|[15.9138711184069...|[0.31827742236813...|       1.0|
+-------------------+--------+--------------------+-------------------+----------+
```

上述预测表中的第一列(features)就是测试数据的输入特征。第二列(affairs)是实际的标签或者测试数据的输出。第三列(rawPrediction)代表两个可能输出的置信度指标。第四列(probability)是每个类别标签的条件概率,而最后一列(prediction)是由随机森林分类器预测的。我们可以对 prediction 列应用 groupBy 函数,以便找出正类别和负类别的预测数。

```
[In]: rf_predictions.groupBy('prediction').count().show()
[Out]:
+----------+-----+
|prediction|count|
+----------+-----+
|       0.0| 1257|
|       1.0| 334 |
+----------+-----+
```

要评估这些预测,我们需要导入 classificationEvaluators:

```
[In]: from pyspark.ml.evaluation import
      MulticlassClassificationEvaluator
[In]: from pyspark.ml.evaluation import
      BinaryClassificationEvaluator
```

6.3.9　准确率

```
[In]: rf_accuracy=MulticlassClassificationEvaluator(labelCol=
      'affairs',metricName='accuracy').evaluate(rf_predictions)
[In]: print('The accuracy of RF on test data is {0:.0%}'.
      format(rf_accuracy))
[Out]: The accuracy of RF on test data is 73%
```

6.3.10　精度

```
[In]: rf_precision=MulticlassClassificationEvaluator(labelCol=
      'affairs',metricName='weightedPrecision').evaluate(rf_
      predictions)
[In]: print('The precision rate on test data is {0:.0%}'.
      format(rf_precision))
[Out]: The precision rate on test data is 71%
```

6.3.11　AUC 曲线下的面积

```
[In]: rf_auc=BinaryClassificationEvaluator(labelCol='affairs').
      evaluate(rf_predictions)
[In]: print( rf_auc)
[Out]: 0.738
```

正如之前提及的，RF 提供了就预测能力而言的每个特征的重要性，并且非常有助于反映对预测能力贡献最大的关键变量。

```
[In]: rf_classifier.featureImportances
[Out]: (5,[0,1,2,3,4],[0.563965247822,0.0367408623003,
      0.243756511958,0.0657893200779,0.0897480578415])
```

这里使用了五个特征，并且可以使用特征重要性函数来找出重要程度。要了解哪个输入特征被映射到哪个索引值，可以使用元数据信息。

```
[In]: df.schema["features"].metadata["ml_attr"]["attrs"]
[Out]:
 {'idx': 0, 'name': 'rate_marriage'},
 {'idx': 1, 'name': 'age'},
```

```
{'idx': 2, 'name': 'yrs_married'},
{'idx': 3, 'name': 'children'},
{'idx': 4, 'name': 'religious'}}
```

这样看来，从预测角度看，rate_marriage 是最重要的特征，其次是 yrs_married。最不重要的变量似乎是年龄。

6.3.12　步骤 8：保存模型

有时候，在训练模型之后，我们只需要调用模型进行预测即可，因此非常有必要保存模型并且用于预测。为此需要执行两个步骤：

(1) 保存 ML 模型。

(2) 加载 ML 模型。

```
[In]: from pyspark.ml.classification import
      RandomForestClassificationModel
[In]: rf_classifier.save("/home/jovyan/work/RF_model")
      This way we saved the model as object locally.The next
      step is to load the model again for predictions
[In]: rf=RandomForestClassificationModel.load("/home/jovyan/
      work/RF_model")
[In]: new_preditions=rf.transform(new_df)
```

新的预测表将包含具有模型预测的列。

6.4　小结

本章介绍了理解随机森林的构造块以及在 PySprak 中创建 ML 模型的过程，ML 模型可用于分类并且具有准确率、精度以及 AUC 这样的评估指标，还介绍了如何在本地保存 ML 模型以及用于预测。

第 7 章

推 荐 系 统

在实体店中可以观察到的一种常见趋势就是，在购物期间，实体店中的销售人员会引导我们并且给我们推荐相关的商品，而线上的零售平台拥有无数种不同的商品，我们必须自行检索到合适的商品。这里的问题就是，用户面临着许多可供选择的选项，但他们并不喜欢投入大量精力来检索全部的商品。因此，对于推荐相关商品以及驱动顾客转换而言，推荐系统(Recommender System，RS)的角色就变得至关重要。

传统的实体店使用平面图来陈列商品，这种陈列方式能够提高畅销商品的可见性并且提升收益，而线上零售商店则需要根据每位顾客的喜好来动态调整商品的可见性，而不是为每个顾客推荐相同的商品。

推荐系统主要用于将合适的内容或产品以个性化方式推荐给合适的用户，以便增强整体体验。在使用海量数据以及学习理解特定用户的喜好方面，推荐系统真的非常强大。推荐有助于用户轻易地检索数百万款产品或海量内容(文章/视频/电影)，并且向用户展示他们可能会喜欢或购买的合适产品/信息。因此，简单来说，RS 会帮助用户探索信息。接下来，就需要依靠用户来判定 RS 的推荐是否准确，用户可以选择是否选用推荐的产品/内容，或者直接忽视并且继续检索。用户的每一个决定(正面或负面)都有助于基于最新数据重新训练 RS，以便能够提供更好的推荐。这一章将介绍 RS 的运行机制，为了生成这些推荐在底层使用的不同类型的技术，以及如何使用 PySpark 构建推荐系统。

7.1 推荐

从向用户推荐各种内容信息这方面而言，推荐系统可用于多种目的。例如，其中一些可能归属于以下类别：

- 零售商品

- 工作
- 联系人/好友
- 电影/音乐/视频/书籍/文章
- 广告

"推荐什么内容"部分完全取决于使用 RS 的上下文,并且可以帮助企业通过提供用户最可能购买的商品来提高收益,或者通过在恰当时间展示相关内容来提升业务达成率。RS 要处理的至关重要的方面就是,推荐的产品或内容应该是用户可能会喜欢但他们自己又没有发现的一些东西。同时,RS 还需要一个包含各种不同推荐的元素,以便让推荐足够吸引人。对于如今的企业而言,RS 使用量较大的一些示例包括:Amazon 的商品推荐、Facebook 的好友推荐、LinkedIn 的"你可能认识的人"、Netflix 的电影推荐、YouTube 的视频推荐、Spotify 的音乐推荐以及 Coursera 的课程推荐。

从企业角度看,这些推荐的影响力被证明是非常巨大的,因此企业也愿意花费更多的时间来让这些 RS 变得更为有效且更具相关性。RS 在零售业务中提供的其中一些直接好处包括:

- 提升收益
- 由用户做出的正面评论以及评分
- 提升意向达成率

对于其他行业而言,例如广告推荐和其他内容推荐,RS 能极大地帮助他们找出适合于用户的内容,因而能够提升接受度和订阅量。如果没有 RS,那么以个性化方式向数百万用户推荐线上内容或者为每个用户提供通用内容就会难以达成精准目标,并且对用户造成负面影响。

现在,我们了解了 RS 的用途和特性,可以研究不同类型的 RS 了。我们主要可以构建五种类型的 RS:

- 基于流行度的 RS
- 基于内容的 RS
- 基于协同过滤的 RS
- 混合 RS
- 基于关联规则挖掘的 RS

除了最后一种基于关联规则挖掘的 RS 之外,本章将简要介绍每一种类型,这是因为基于关联规则挖掘的 RS 超出了本书的内容范畴。

7.1.1 基于流行度的 RS

这是最基础、最简单的 RS,可用于向用户推荐产品/内容。这类 RS 是基于大多数用户的购买/浏览/收藏/下载行为来推荐产品/内容的。尽管这很容易并且实现起来很简单，但这类 RS 并不会生成具有相关性的结果，因为推荐的东西对于每个用户来说都是相同的，不过有时候表现要好于一些更复杂的 RS。实现这类 RS 的方式就是，直接基于各种参数对条目进行排序，并且推荐列表中排名靠前的条目。就像前面提到的一样，可以按照以下参数对条目或内容进行排序：

- 下载次数
- 购买次数
- 浏览次数
- 评分最高
- 分享次数
- 收藏次数

这类 RS 会向顾客直接推荐最畅销或浏览/购买次数最多的产品，因此可以提升顾客的转换概率。这类 RS 的受限之处就在于，它们并非高度个性化的。

7.1.2　基于内容的 RS

这类 RS 基于用户过去的喜好向他们推荐产品信息。因此，整体理念就是，计算任意两个条目之间的相似度，并且基于用户的喜好资料向用户进行推荐。首先，要为每个条目创建资料。可以用多种方式创建这些资料，不过最常见的方法就是囊括与条目详细资料或属性有关的信息。例如，一部电影的资料可能具有关于各种属性的值，例如惊悚、艺术、喜剧、动作、戏剧和商业电影，如下所示：

电影 ID	惊悚	艺术	喜剧	动作	戏剧	商业
2310	0.01	0.3	0.8	0.0	0.5	0.9

上面是一个条目的资料示例，每一个条目都会有类似的向量来表示属性。现在，假设某个用户已经观看了 10 部这样的电影，并且确实很喜欢它们。那么，对于该用户而言，我们最终会得到表 7-1 所示的条目矩阵。

表 7-1　电影数据

电影 ID	惊悚	艺术	喜剧	动作	戏剧	商业
2310	0.01	0.3	0.8	0.0	0.5	0.9
2631	0.0	0.45	0.8	0.0	0.5	0.65
2444	0.2	0.0	0.8	0.0	0.5	0.7
2974	0.6	0.3	0.0	0.6	0.5	0.3
2151	0.9	0.2	0.0	0.7	0.5	0.9
2876	0.0	0.3	0.8	0.0	0.5	0.9

(续表)

电影 ID	惊悚	艺术	喜剧	动作	戏剧	商业
2345	0.0	0.3	0.8	0.0	0.5	0.9
2309	0.7	0.0	0.0	0.8	0.4	0.5
2366	0.1	0.15	0.8	0.0	0.5	0.6
2388	0.0	0.3	0.85	0.0	0.8	0.9

1. 用户资料

基于内容的 RS 的另一个组成部分就是用户资料，这是使用用户已经收藏或评过分的条目资料来创建的。假设某个用户已经收藏了表 7-1 中的电影，那么用户资料看起来可能就像一个向量，也就是条目向量的平均值。用户资料看起来可能会像下面这样：

用户 ID	惊悚	艺术	喜剧	动作	戏剧	商业
1A92	0.251	0.23	0.565	0.21	0.52	0.725

这是创建用户资料的最基础方法之一，还有其他复杂的方法可以创建更为丰富的用户资料，例如标准值、加权值等。接下来就要基于用户之前的喜好推荐用户可能喜欢的电影。因此，需要计算用户资料和条目资料之间的相似度评分并且根据这些评分进行排序。相似度评分越高，用户喜欢某部电影的概率就越大。计算相似度评分的方式有两种：欧氏距离和余弦相似度。

2. 欧氏距离

用户资料和条目资料都是高纬度向量，因此要计算两者之间的相似度，就需要计算两个向量之间的距离。使用欧氏距离可以轻易地计算一个 n 维向量，只要使用以下公式即可：

$$d(x, y) = \sqrt{(x_1 - y_n)^2 + \cdots + (x_n - y_n)^2}$$

距离越大，两个向量的相似度就越低。因此，用户资料和所有其他条目之间的距离是按照降序顺序计算和排序的。最顶部的几个内容条目就是以这种方式推荐给用户的。

3. 余弦相似度

另一种计算用户资料和条目资料之间相似度评分的方法就是余弦相似度。不同于欧氏距离,我们会测量两个向量(用户资料向量和条目资料向量)之间的夹角。两个向量之间的夹角越小,它们彼此之间的相似性就越高。可以使用以下公式计算余弦相似度:

$$sim(x,y)=\cos(\theta)= x*y \ / \ |x|*|y|$$

我们来研究一下基于内容的 RS 的一些优缺点。

优点:

- 基于内容的 RS 的运行机制与其他用户的数据无关,因此可以被应用于用户个体的历史数据。
- 可以很容易地理解 RS 背后的基本原理,因为我们是基于用户资料和条目资料之间的相似度评分来进行推荐的。
- 也可以直接基于用户的历史兴趣数据和喜好来向用户推荐新的和未知的条目。

缺点:

- 条目资料可能会有失偏颇,并且可能无法反映准确的属性值,因而也就可能会导致不正确的推荐。
- 推荐完全依赖于用户的历史数据,并且推荐的条目会类似于用户浏览/收藏过的条目,不会顾及用户新的兴趣或收藏。

7.1.3　基于协同过滤的 RS

基于 CF(Collaborative Filtering,协同过滤)的 RS 在进行推荐时无需条目属性或描述;相反,这类 RS 基于用户交互进行推荐。这些交互可以用各种方式进行衡量,例如评分、购买、耗时、分享到另一个平台等。在深入研究 CF 之前,我们要停下来回想一下,在日常生活中,我们是如何进行某些决策的,例如下面这些:

- 要看哪部电影
- 要读哪本书
- 要去哪家餐厅就餐
- 要去哪个地方旅行

没错,我们会咨询朋友!我们会请求人们进行推荐,而这些人在某些方面会与我们类似,并且跟我们拥有相同的品位和喜好。我们的兴趣爱好在某些领域是相符的,因此我们信任他们的推荐。这些人可能会是我们的家庭成员、朋友、同事、亲戚或社区邻居。在现实生活中,我们很容易就能知道哪些人属于这一范围,不过对于线上推荐而言,协同过滤的关键任务在于,找出最类似于我们自己的用户。每个用户都可以通过一个向量来表示，这个向量会包含用户交互的反馈值。我们首先要了解用户条目矩阵以便理解 CF 方法。

1. 用户条目矩阵

用户条目矩阵的行中就是所有的独立用户，列中是所有的独立条目。其中的值是由反馈或交互评分来填充的，以便突显用户对于产品是喜欢还是不喜欢。简单的用户条目矩阵看起来可能类似于表 7-2。

表 7-2 用户条目矩阵(一)

用户 ID	条目 1	条目 2	条目 3	条目 4	条目 5	条目 n
14SD	1	4			5	
26BB		3	3			1
24DG	1	4	1		5	2
59YU		2			5	
21HT	3	2	1	2	5	
68BC		1				5
26DF	1	4		3	3	
25TR	1	4			5	
33XF	5	5	5	1	5	5
73QS	1		3			1

正如我们可以观察到的，用户条目矩阵通常非常稀疏，因为其中有数百万个条目，并且每个用户并不会与每一个条目交互；因此，用户条目矩阵会包含大量的空值。用户条目矩阵中的值通常就是基于用户与特定条目的交互而推导出的反馈值。在用户条目矩阵中可以考虑放入两种类型的反馈：显示反馈和隐式反馈。

2. 显式反馈

这类反馈通常来自用户与条目进行交互并且已经体验过条目特性之后给予条目的评分。评分会有如下几种类型：

- 按 1~5 的等级进行评分。
- 关于向其他人推荐的简单评分项(是、否或绝不)。
- 收藏条目(是或否)。

显式反馈数据包含的数据点数量非常有限，因为只有很少比例的用户会在购买或使用产品之后花时间给出评分。绝佳的示例就是电影，因为很少会有用户在观看电影之后给出评分。因此，单独基于显式反馈数据构建 RS 会将我们置于一种麻烦的境地，尽管数据本身的噪音较少，但有时候这些数据并不足以构建 RS。

3. 隐式反馈

这类反馈并不是直接获取的，主要是从用户的线上平台活动中推断出来的，并且是基于用户与条目的交互来推断的。例如，如果用户已经购买了某个产品，将其添加到了购物车中，浏览并且花费了大量时间来查看与该产品有关的信息，那么这就表明用户对这个产品有较大的兴趣。隐式反馈值都是易于收集的，并且每个用户都会生成大量的数据点，因为他们的操作行为都是通过线上平台来实现的。隐式反馈的挑战在于，由于包含大量的噪音数据，因此不会为推荐带来过多的价值。

现在，我们了解了用户条目矩阵以及要放入用户条目矩阵中的值的类型，接下来介绍一下不同类型的协同过滤(CF)。主要有两类 CF：

- 基于最近邻的 CF
- 基于潜在因子的 CF

4. 基于最近邻的 CF

这种 CF 的工作原理是，通过查找与活动用户(尝试向其进行推荐的用户)一样喜欢或不喜欢相同产品的最相似用户来找出活动用户的 K-最近邻。基于最近邻的协同过滤中涉及两个步骤。第一个步骤就是找出 K-最近邻，第二个步骤则是预测出活动用户喜欢某个特定产品的评分或可能性。可以使用本章之前讨论过的一些技术来找出 K-最近邻。像余弦相似度或欧氏距离这样的指标有助于我们从所有的用户中找出与活动用户最相似的用户，这是基于两个用户组都喜欢或都不喜欢的共同产品来判断的。可以使用的另一个指标就是 Jaccard 相似度。下面通过一个示例来理解这个指标——回到之前的用户条目矩阵并且只选取其中五个用户的数据，如表 7-3 所示。

表 7-3　用户条目矩阵(二)

用户 ID	条目 1	条目 2	条目 3	条目 4	条目 5	条目 n
14SD	1	4			5	
26BB		3	3			1
24DG	1	4	1		5	2
59YU		2			5	
26DF	1	4		3	3	

假设总共有五个用户，并且我们希望找出与活动用户(14SD)最近的两个邻居。可以使用以下公式计算 Jaccard 相似度：

$$sim(x,y)=|Rx \cap Ry|/ | Rx \cup Ry|$$

因此，这个公式实际上就是用任意两个用户已经共同评分的条目数量除以这两个用户分别评过分的条目的总数量：

sim(user1, user2) = 1 / 5 = 0.2，因为他们仅共同对条目 2 进行了评分。

这样，其余四个用户与活动用户的相似度评分看起来就会像表 7-4 一样。

表 7-4　用户相似度评分

用户 ID	相似度评分
14SD	1
26BB	0.2
24DG	0.6
59YU	0.677
26DF	0.75

因此，根据 Jaccard 相似度，排在最前面的两个最近邻就是第四个和第五个用户。不过，这种方法有一个大问题，因为 Jaccard 相似度在计算相似度评分时并不会考虑反馈值，而仅考虑共同评过分的条目。所以，有可能用户共同评分过许多条目，但一个用户可能对这些条目评分很高，而另一个用户可能对它们评分很低。Jaccard 相似度评分最终仍旧可能为这两个用户得出高评分，而这是违反常识的。在上面这个示例中，显而易见的一点就是，活动用户最类似于第三个用户(24DG)，因为他们对三个共同条目给出了完全相同的评分，而第三个用户并没有出现在顶部的两个最近邻中。因此，我们可以选择其他指标来计算 K-最近邻。

5. 缺失值

用户条目矩阵会包含大量的缺失值，原因很简单，就是因为存在大量的条目，但是并非每一个用户都会与每一个条目进行交互。有两种方式可以处理用户条目矩阵中的缺失值。

● 将缺失值替换成 0。
● 将缺失值替换成用户的平均评分。

对共同条目的评分越类似，邻居与活动用户的距离就越近。同样，存在两类基于最近邻的 CF：

● 基于用户的 CF
● 基于条目的 CF

这两类 CF 之间唯一的区别在于：在基于用户的 CF 中，我们要找出 K 最近邻用户；而在基于条目的 CF 中，我们要找出会推荐给用户的 K 最近邻条目。接下来介绍在基于用户的 CF 中是如何进行推荐的。

顾名思义，在基于用户的 CF 中，整体理念就是找出与活动用户最类似的用户，并且向活动用户推荐类似用户已经购买/高评分的产品，而活动用户还没有看到/购买/尝试过这些产品。这类 CF 做出的假设就是，如果两个或更多用户对一批产品持相同看法，那么他们可能也会对其他产品持相同看法。我们通过一个示例来理解基于用户的协同过滤(CF)：有三个用户，我们希望对其中的活动用户推荐一个新的产品。其余的两个用户就是在喜欢和不喜欢方面与活动用户最近的两个邻居，如图 7-1 所示。

最近邻   活动用户

图 7-1 活动用户和最近邻

所有三个用户都对某个相机品牌给出了非常高的评分，并且前两个用户都是与活动用户最类似的用户，这是基于图 7-2 所示的相似度评分得出的判断。

DSLR 相机

图 7-2 所有三个用户都喜欢一个产品

现在，前两个用户还对另一个产品(Xbox 360)给出了非常高的评分，而第三个用户尚未与该产品交互，并且还没有看到该产品，如图 7-3 所示。基于这一信息，我们尝试预测活动用户会对这个新产品(Xbox 360)给出的评分，而这个评分也就是最近邻针对该特定产品(Xbox 360)给出的评分的加权平均值。

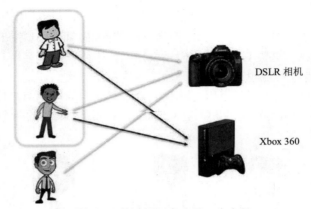

图 7-3　最近邻还喜欢另一个产品

然后，基于用户的 CF 就会向活动用户推荐另外这个产品(Xbox 360)，因为活动用户很可能对这个产品的评分也较高，正如最近邻对这个产品评分很高一样，如图 7-4 所示。

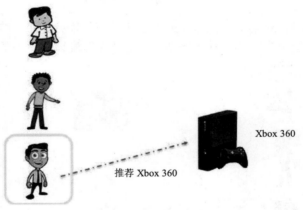

图 7-4　向活动用户推荐

6. 基于潜在因子的 CF

这类协同过滤也使用用户条目矩阵，但不同于找出最近邻和预测评分，而是尝试将用户条目矩阵分解成两个潜在因子矩阵。潜在因子都是来自原始值的派生值。它们实质上与观测变量有关。这些新矩阵的秩(rank)要低得多，并且包含潜在因子。这也被称为矩阵因子分解。下面通过例子来了解一下矩阵因子分解的处理过程。可以将一个 r 阶并且大小为 $m \times n$ 的矩阵 A 分解成两个阶数较小的矩阵 X、Y，而 X 和 Y 的点乘会得出原始的 A 矩阵。假设矩阵 A 如图 7-5 所示。

表 7-5　计算潜在因子

1	2	3	5
2	4	8	12
3	6	7	13

我们可以将所有列的值编写为第一列和第三列(A1 和 A3)的线性组合。

$$A1 = 1 * A1 + 0 * A3$$
$$A2 = 2 * A1 + 0 * A3$$
$$A3 = 0 * A1 + 1 * A3$$
$$A4 = 2 * A1 + 1 * A3$$

现在可以创建两个低阶矩阵，使用这两个低阶矩阵的乘积生成原始的矩阵 A。

$$X = \begin{array}{|cc|} \hline 1 & 3 \\ 2 & 8 \\ 3 & 7 \\ \hline \end{array}$$

$$Y = \begin{array}{|cccc|} \hline 1 & 2 & 0 & 2 \\ 0 & 0 & 1 & 1 \\ \hline \end{array}$$

X 包含 A1 和 A3 列的值，而 Y 包含线性组合的相关系数。

X 和 Y 之间的点乘会重新生成矩阵 A(原始矩阵)。

思考一下表 7-2 中的用户条目矩阵，我们要将其因子分解成两个较低阶的矩阵，如图 7-5 所示。

● 用户潜在因子矩阵
● 条目潜在因子矩阵

用户潜在因子矩阵包含映射到这些潜在因子的所有用户。类似地，条目潜在因子矩阵包含列中映射到每一个潜在因子的所有条目。找出这些潜在因子的过程是使用机器学习优化技术来实现的，例如交替最小二乘法。用户条目矩阵会被分解成潜在因子矩阵，分解方式为：用户对任意条目的评分就是用户潜在因子值和条目潜在因子值的乘积。主要目标是，最小化整个用户条目矩阵评分以及预测条目评分的误差平方和。例如，第二个用户(26BB)对条目 2 的预测评分会是：

评分(用户 2, 条目 2) = | | 0.24 | 0.65 | ✖

用户ID	条目1	条目2	条目3	条目4	条目5	条目n
14SD	1	4			5	
26BB		3	3			1
24DG	1	4	1		5	2
59YU		2			5	
21HT	3	2	1	2	5	
68BC		1				5
26DF	1	4		3	3	
25TR	1	4			5	
33XF	5	5	5	1	5	5
73QS	1		3			1

	条目1	条目2	条目3	条目4	条目5	条目n
ITF1	0.3	0.23			0.9	
ITF2		0.1	0.14			0.02
ITF3	0.25	0.8	0.09		0.9	0.33

条目潜在因子矩阵

用户ID	USF1	USF2	USF3
14SD	0.02	0.97	
26BB		0.24	0.65
24DG	0.03	0.86	0.07
59YU		0.45	
21HT	0.65	0.38	0.05
68BC		0.03	
26DF	0.02	0.78	
25TR	0.01	0.84	
33XF	0.95	0.98	0.93
73QS	0.03		0.48

用户潜在因子矩阵

0.23
0.1
0.8

图 7-5　分解用户条目矩阵

　　每一个预测评分都会有或多或少的误差，因此成本函数变成了预测评分和实际评分之间总的误差平方和。训练推荐模型的过程包括以让模型最小化总评分的 SSE 方式来学习这些潜在因子。我们可以使用 ALS 模型来找出最小的 SSE。ALS 的工作原理就是，首先修复用户潜在因子值，并且尝试改变条目潜在因子值，以便让总的 SSE 降低。接下来，条目潜在因子值会保持已修复状态，而用户潜在因子值会被更新一遍以进一步降低 SSE。这样就能持续在用户潜在因子矩阵和条目潜在因子矩阵之间进行修改，直到不再能够进一步降低 SSE。

优势：
- 不需要条目的内容信息，并且可以基于有价值的用户条目交互进行推荐。
- 能够提供基于其他用户的个性化体验。

限制：
- 冷启动问题：如果用户没有条目交互的历史数据，那么 RS 就无法为新用户预测 K-最近邻，并且无法做出推荐。
- 缺失值：由于条目数量很大，并且几乎没有用户会与所有条目进行交互，因此有些条目永远不会被用户评分，并且无法被推荐。
- 无法推荐新的或未评分的条目：如果是新条目并且还没有被用户查看过，那么该条目无法被推荐给现有用户，除非其他用户与之进行了交互。
- 准确率很差：基于潜在因子的 CF 的执行情况不会太好，因为许多组成部分都是持续变化的，例如用户的兴趣、条目有限的展示时长，以及评分非常少的条目。

7.1.4　混合推荐系统

顾名思义，混合 RS 包括来自多个推荐系统的输入，从而表现更加优秀并且就向用户进行有意义的推荐方面而言更具相关性。之前已经介绍过，使用单独的 RS 会有一些限制，不过以组合方式运用的话，它们就会突破那些限制的束缚，因而也就能够推荐出用户认为更有用且更个性化的条目或信息。可以特定方式构建混合 RS 以便满足业务需求。

其中一种方式就是，构建单独的 RS，并且在向用户进行推荐之前合并来自多个 RS 输出的推荐，如图 7-6 所示。

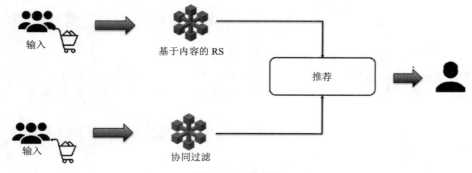

图 7-6　合并推荐

另一种方式就是利用基于内容的推荐系统的优势，并且将之用作基于协同过滤的推荐系统的输入，以便向用户提供更好的推荐。也可以反过来应用这种方式，将协同过滤用作基于内容的推荐系统的输入，如图 7-7 所示。

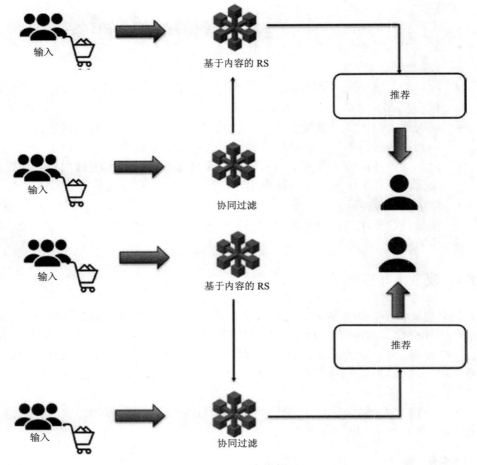

图 7-7 混合推荐

混合推荐还包括使用其他类型的推荐系统，例如基于人口统计信息的推荐系统和基于知识的推荐系统，以便增强推荐效果。混合 RS 已经变成各种业务不可或缺的部分，它能帮助这些业务的用户消费合适的内容，因此衍生出大量的价值。

7.2 代码

本节将主要介绍如何在 PySpark 和 Jupyter Notebook 中使用 ALS 方法来全新构建推荐系统。

■ **提示：**

可以从本书的GitHub仓库中获取源代码以及完整的数据集，最好基于Spark 2.0
及其更高版本执行这些代码。

接下来我们使用 Spark 的 MLlib 库构建一个 RS 模型，并且预测任意指定用户
对一个条目的评分。

7.2.1　数据信息

这个示例中，所要使用的数据集是一个子集，它来自一个著名的、开源的电影
镜头数据集，这个子集总共包含 10 万条记录，其中具有三列(user_Id、title、rating)。
我们将使用 75%的数据来训练模型，并且在其余 25%的用户评分数据上对模型进行
测试。

7.2.2　步骤 1：创建 SparkSession 对象

打开 Jupyter Notebook 并且引入 SparkSession，然后创建一个新的 SparkSession
对象以便使用 Spark：

```
[In]: from pyspark.sql import SparkSession
[In]: spark=SparkSession.builder.appName('lin_reg').getOrCreate()
```

7.2.3　步骤 2：读取数据集

之后，要在 Spark 中使用 DataFrame 加载和读取数据集，就必须确保在数据集
所处的同一目录中打开了 PySpark，否则必须提供数据文件夹的目录路径：

```
[In]:
df=spark.read.csv('movie_ratings_df.csv',inferSchema=True,
header=True)
```

7.2.4　步骤 3：探究式数据分析

这一节将研究数据集，我们需要查看数据集，验证数据集的形状结构并且计算
出被评过分的电影数量以及每个用户评过分的电影数量。

```
[In]: print((df.count(), len(df.columns)))
[Out]: (100000,3)
```

因此，上面的输出确认了数据集的大小，可以验证输入值的数据类型，以便检查是否有任何列需要变更/转换数据类型。

```
[In]: df.printSchema()
[Out]: root
 |-- userId: integer (nullable = true)
 |-- title: string (nullable = true)
 |-- rating: integer (nullable = true)
```

共有三列，其中两列都是数值类型，title 是类别类型。使用 PySpark 构建 RS 的关键之处在于，需要让 user_id 和 item_id 处于数值形式。因此，稍后我们要将电影名称(title)转换成数值类型。现在，使用 rand 函数查看 DataFrame 中的几行数据，以便以随机顺序打乱这些记录。

```
[In]: df.orderBy(rand()).show(10,False)
[Out]:
+------+-------------------------------------------+------+
|userId|title                                      |rating|
+------+-------------------------------------------+------+
|13    |Liar Liar (1997)                           |2     |
|741   |Cape Fear (1991)                           |4     |
|916   |Return of the Jedi (1983)                  |4     |
|698   |Birdcage, The (1996)                       |2     |
|682   |Primal Fear (1996)                         |3     |
|144   |Empire Strikes Back, The (1980)            |4     |
|887   |Willy Wonka and the Chocolate Factory (1971)|5    |
|389   |Before Sunrise (1995)                      |4     |
|370   |Dante's Peak (1997)                        |2     |
|138   |Truth About Cats & Dogs, The (1996)        |4     |
+------+-------------------------------------------+------+
only showing top 10 rows
```

```
[In]: df.groupBy('userId').count().orderBy('count',
      ascending=False).show(10,False)
[Out]:
```

```
+------+-----+
|userId|count|
+------+-----+
|405   |737  |
|655   |685  |
|13    |636  |
|450   |540  |
|276   |518  |
|416   |493  |
|537   |490  |
|303   |484  |
|234   |480  |
|393   |448  |
+------+-----+
only showing top 10 rows
```

```
[In]: df.groupBy('userId').count().orderBy('count',
      ascending=True).show(10,False)
[Out]:
```

```
+------+-----+
|userId|count|
+------+-----+
|732   |20   |
|631   |20   |
|636   |20   |
|926   |20   |
|93    |20   |
|300   |20   |
|572   |20   |
|596   |20   |
|685   |20   |
|34    |20   |
+------+-----+
only showing top 10 rows
```

具有最多记录数的用户对 737 部电影进行过评分，并且每个用户至少对 20 部电影评过分。

```
[In]: df.groupBy('title').count().orderBy('count',
      ascending=False).show(10,False)
[Out]:
```

```
+-----------------------------------+-----+
|title                              |count|
+-----------------------------------+-----+
|Star Wars (1977)                   |583  |
|Contact (1997)                     |509  |
|Fargo (1996)                       |508  |
|Return of the Jedi (1983)          |507  |
|Liar Liar (1997)                   |485  |
|English Patient, The (1996)        |481  |
|Scream (1996)                      |478  |
|Toy Story (1995)                   |452  |
|Air Force One (1997)               |431  |
|Independence Day (ID4) (1996)      |429  |
+-----------------------------------+-----+
only showing top 10 rows
```

具有最多评分次数的电影是《星球大战》(1977 年)，它被评过 583 次，并且每部电影至少被一个用户评过分。

7.2.5　步骤 4：特征工程

现在使用 StringIndexer 将电影名称(title)列从类别类型转换成数值类型。我们需要从 PySpark 库中引入 StringIndexer 和 IndexToString。

```
[In]: from pyspark.sql.functions import *
[In]: from pyspark.ml.feature import StringIndexer,
      IndexToString
```

接下来，我们通过提供输入列和输出列来创建 StringIndexer 对象。然后将该对象拟合到 DataFrame 并且将其应用到电影名称(title)列上，以便创建具有数值的新的 DataFrame。

```
[In]: stringIndexer = StringIndexer(inputCol="title",
      outputCol="title_new")
[In]: model = stringIndexer.fit(df)
[In]: indexed = model.transform(df)
```

下面通过查看新的 DataFrame 的几行数据(索引过的)来验证 title 列的数值。

```
[In]: indexed.show(10)
[Out]:
```

```
+-------+-------------------+------+----------+
|userId|              title|rating|title_new|
+-------+-------------------+------+----------+
|    932|   Cape Fear (1991)|     3|    161.0|
|    721|   Piano, The (1993)|    3|    173.0|
|    642|Low Down Dirty Sh...|    2|   1115.0|
|    798|That Darn Cat! (1...|    4|    686.0|
|    535|African Queen, Th...|    4|    199.0|
|    765|Stealing Beauty (...|    5|    521.0|
|    927|Poison Ivy II (1995)|   3|   1041.0|
|    544|    G.I. Jane (1997)|     3|    152.0|
|    788|Godfather: Part I...|    4|    108.0|
|    706|Birdcage, The (1996)|    4|     43.0|
+-------+-------------------+------+----------+
only showing top 10 rows
```

可以从中看出，现在我们有了具有表示电影名称的数值的一个额外列(title_new)。我们必须重复这一相同的过程，以防 user_id 也是类别类型。为了验证电影计数，我们要在这个新的 DataFrame 上重新运行 groupBy 函数。

```
[In]: indexed.groupBy('title_new').count().orderBy('count',
      ascending=False).show(10,False)
[Out]:
```

```
+----------+-----+
|title_new|count|
+----------+-----+
|0.0       |583  |
|1.0       |509  |
|2.0       |508  |
|3.0       |507  |
|4.0       |485  |
|5.0       |481  |
|6.0       |478  |
|7.0       |452  |
|8.0       |431  |
|9.0       |429  |
+----------+-----+
only showing top 10 rows
```

7.2.6　步骤 5：划分数据集

现在已经准备好了用于构建推荐系统模型的数据，可以将数据集划分成训练集和测试集。我们按照 75/25 的比例来划分数据集，以便训练模型并且测试准确率。

```
[In]: train,test=indexed.randomSplit([0.75,0.25])
[In]: train.count()
```

```
[Out]: 75104
[In]: test.count()
[Out]: 24876
```

7.2.7 步骤6：构建和训练推荐系统模型

我们需要从 PySpark 的 ml 库中引入 ALS 函数并且基于训练集构建模型。有多个超参数可以调整以便提升模型性能。其中有两个重要的超参数：nonnegative ='True'不会在推荐系统中创建负数评分，而 coldStartStrategy='drop'可以防止生成任何 NaN 评分预测。

```
[In]: from pyspark.ml.recommendation import ALS
[In]: rec=ALS(maxIter=10,regParam=0.01,userCol='userId',
        itemCol='title_new',ratingCol='rating',nonnegative=True,
        coldStartStrategy="drop")
[In]: rec_model=rec.fit(train)
```

7.2.8 步骤7：基于测试数据进行预测和评估

整个练习的最后一部分就是基于未知或测试数据检查模型的性能。我们需要使用 transform 函数基于测试数据进行预测，并且使用 RegressionEvaluate 基于测试数据检查模型的 RMSE 值。

```
[In]: predicted_ratings=rec_model.transform(test)
[In]: predicted_ratings.printSchema()
root
 |-- userId: integer (nullable = true)
 |-- title: string (nullable = true)
 |-- rating: integer (nullable = true)
 |-- title_new: double (nullable = false)
 |-- prediction: float (nullable = false)
[In]: predicted_ratings.orderBy(rand()).show(10)
[Out]:
```

```
+------+--------------------+------+---------+----------+
|userId|               title|rating|title_new|prediction|
+------+--------------------+------+---------+----------+
|    92|Tie Me Up! Tie Me...|     4|    766.0| 3.1512196|
|   222|       Batman (1989)|     3|    116.0|  3.503284|
|   178|Beauty and the Be...|     4|    114.0| 4.1487904|
|   303|  Jerry Maguire (1996)|   5|     15.0|  4.348913|
|   134|      Flubber (1997)|     2|    579.0| 2.5635276|
|   295|       Henry V (1989)|    4|    268.0| 4.2598643|
|   889|Adventures of Pri...|     2|    305.0| 2.9040515|
|   374|  Men in Black (1997)|    3|     31.0|  3.602631|
|   559|Killing Fields, T...|     4|    276.0|   4.55797|
|   290|Star Trek: The Mo...|     1|    286.0| 3.2992659|
+------+--------------------+------+---------+----------+
only showing top 10 rows
```

```
[xIn]: from pyspark.ml.evaluation import RegressionEvaluator
[In]: evaluator=RegressionEvaluator(metricName='rmse',
      predictionCol='prediction',labelCol='rating')
[In]: rmse=evaluator.evaluate(predictions)
[In] : print(rmse)
[Out]: 1.0293574739493354
```

RMSE 并不是非常高，实际评分和预测评分中存在错误，这可以通过调整模型参数和使用混合方法来进一步改进。

7.2.9 步骤 8：推荐活动用户可能会喜欢的排名靠前的电影

在检查模型性能并且调整超参数之后，我们就可以继续向用户推荐他们可能还没有观看过并且可能会喜欢的排名靠前的电影。第一步，就是在 DataFrame 中创建一系列独立的电影：

```
[In]: unique_movies=indexed.select('title_new').distinct()
[In]: unique_movies.count()
[Out]: 1664
```

因此，这个 DataFrame 中总共有 1664 部独立的电影。

```
[In]: a = unique_movies.alias('a')
```

我们可以在该数据集中选取需要向其推荐其他电影的任何用户。在本例中，我们将使用 userId = 85。

```
[In]: user_id=85
```

我们将过滤这个活动用户已经评过分或已经观看过的电影：

```
[In]: watched_movies=indexed.filter(indexed['userId'] ==
      user_id).select('title_new').distinct()
[In]: watched_movies.count()
[Out]: 287
[In]: b=watched_movies.alias('b')
```

1664 部电影中总共有 287 部独立的电影已经被活动用户评过分了。所以，我们希望从其余的 1377 部电影中推荐电影。现在我们要合并这两张表，以便通过从联合表中过滤空值来找出可以推荐的电影：

```
[In]: total_movies = a.join(b, a.title_new == b.title_new,
      how='left')
[In]: total_movies.show(10,False)
[Out]:
```

```
+---------+---------+
|title_new|title_new|
+---------+---------+
|299.0    |null     |
|558.0    |null     |
|305.0    |305.0    |
|596.0    |null     |
|1051.0   |null     |
|934.0    |null     |
|496.0    |496.0    |
|769.0    |null     |
|692.0    |null     |
|720.0    |null     |
+---------+---------+
only showing top 10 rows
```

```
[In]: remaining_movies=total_movies.where(col("b.title_new").
      isNull()).select(a.title_new).distinct()
[In]: remaining_movies.count()
[Out]: 1377
[In]: remaining_movies=remaining_movies.withColumn("userId",
      lit(int(user_id)))
[In]: remaining_movies.show(10,False)
[Out]:
```

```
+----------+------+
|title_new |userId|
+----------+------+
|299.0     |85    |
|558.0     |85    |
|596.0     |85    |
|1051.0    |85    |
|934.0     |85    |
|769.0     |85    |
|692.0     |85    |
|720.0     |85    |
|576.0     |85    |
|810.0     |85    |
+----------+------+
only showing top 10 rows
```

到目前为止，我们可以使用之前构建的推荐系统模型基于剩余电影的数据集来为活动用户进行预测。我们仅过滤具有最高预测评分的一些排在前面的推荐影片。

```
[In]: recommendations=rec_model.transform(remaining_movies).
    orderBy('prediction',ascending=False)
[In]: recommendations.show(5,False)
[Out]:
```

```
+----------+------+-----------+
|title_new |userId|prediction |
+----------+------+-----------+
|1433.0    |85    |4.9689837  |
|1322.0    |85    |4.6927013  |
|1271.0    |85    |4.605163   |
|1470.0    |85    |4.5409293  |
|705.0     |85    |4.532007   |
+----------+------+-----------+
```

因此，电影名称 1433 和 1322 对于这个活动用户(85)而言具有最高的预测评分。可以通过将电影名称添加回推荐来让它们更为直观。下面使用 IndexToString 函数来创建一个可以返回电影名称的额外列。

```
[In]: movie_title = IndexToString(inputCol="title_new",
    outputCol="title",labels=model.labels)
[In]: final_recommendations=movie_title.
    transform(recommendations)
[In]: final_recommendations.show(10,False)
[Out]:
```

```
+---------+------+----------+------------------------+
|title_new|userId|prediction|title                   |
+---------+------+----------+------------------------+
|1433.0   |85    |4.9689837 |Boys, Les (1997)        |
|1322.0   |85    |4.6927013 |Faust (1994)            |
|1271.0   |85    |4.605163  |Whole Wide World, The (1996)|
|1470.0   |85    |4.5409293 |Some Mother's Son (1996)|
|705.0    |85    |4.532007  |Laura (1944)            |
|303.0    |85    |4.5236835 |Close Shave, A (1995)   |
|1121.0   |85    |4.4936523 |Crooklyn (1994)         |
|1195.0   |85    |4.4636283 |Pather Panchali (1955)  |
|285.0    |85    |4.456875  |Wrong Trousers, The (1993)|
|638.0    |85    |4.4495435 |Shall We Dance? (1996)  |
+---------+------+----------+------------------------+
only showing top 10 rows
```

因此，对于用户 userId(85)的推荐就是 *Boys, Les*(1997 年)和 *Faust*(1994 年)。这些处理可以完美地封装到单个函数中，这个函数可以按顺序执行上述步骤并且为活动用户生成推荐。GitHub 仓库中提供了完整的代码，其中就包含这个内置的函数。

7.3　小结

本章首先介绍了各种类型的 RS 模型以及每一种 RS 模型的优势和限制，然后在 PySpark 中使用 ALS 方法创建了基于协同过滤的推荐系统，以便向用户推荐电影。

第 8 章

■ ■ ■

聚　　类

到目前为止，前几章已经介绍了有监督机器学习，其中目标变量或标签对于我们而言都是已知的，并且我们尝试基于输入特征预测输出。无监督机器学习有所不同，其中没有标签数据，并且我们不会尝试预测任何输出；相反，我们要尝试找出有意义的模式并且对数据进行分组。相似值会被分组到一起。

当我们进入一所新学校就读时，我们会遇到许多新面孔并且每个人看起来都如此不同。我们几乎不认识学校里的任何人，并且一开始也并没有什么朋友圈。慢慢地，我们开始花时间与其他人交往，并且朋友圈也开始形成。我们会与许多不同的人交流，并且弄明白他们与我们之间到底有多相似或多不相似。几个月之后，我们几乎就能固定我们自己的朋友圈。这个圈子里的朋友/成员具有类似的特征/喜好/品位，因此才会聚在一起。聚类在某些方面就类似于基于定义分组的特征集合来形成分组的这种方式。

8.1　初识聚类

我们可以将聚类应用到任意类型的数据上，我们希望从中形成相似观测的分组并且用于更好的决策。在早期，客户细分往往都是通过一种基于规则的方法来实现的，这种方法需要耗费大量的人力，并且只能使用一些有限数量的变量。例如，如果企业希望进行客户细分，那么它们就会考虑最多 10 个变量，例如年龄、性别、薪酬、居住地等，并且创建出仍旧能够提供合理表现的基于规则的分段；不过在如今的环境中，这极其低效。一个原因就是数据的可用性很丰富，而另一个原因就是动态的客户行为。有数千个其他变量可以考虑提供给这些驱动分段变得更为丰富且更为有意义的机器学习。

当我们开始进行聚类时，每个观测都是不同的，并且不归属于任何分组，而是基于每个观测的特征相似程度进行聚类的。我们以每一个分组都包含最相似记录的方式对这些观测进行分组，并且任意两个分组之间应该具有尽可能多的差异。那么，我们需要如何衡量两个观测是类似的还是不同的？

有多种方法可以计算任意两个观测之间的距离。首先我们认为，任何观测都可以表示为包含观测(A)值的向量形式，如下所示：

年龄	薪酬(以万美元为单位)	体重(以千克为单位)	身高(以英尺为单位)
32	8	65	6

现在，假定我们希望计算这个观测/记录与另一个观测(B)的距离，B 这个观测也包含类似的特征，如下所示。

年龄	薪酬(以万美元为单位)	体重(以千克为单位)	身高(以英尺为单位)
40	15	90	5

可以使用欧几里得方法测量该距离，这非常简单。它也被称为笛卡尔距离。我们尝试计算任意两个数据点之间的一条直线的距离，并且如果这两个数据点之间的距离很短，那么它们就更可能是相似的；而如果距离很长，那么它们彼此就不相似；如图 8-1 所示。

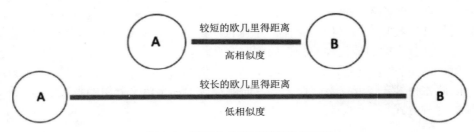

图 8-1　基于欧几里得距离的相似度

可以使用以下公式计算任意两个数据点之间的欧几里得距离：

$$距离_{(A,B)} = \sqrt{(A1-B1)^2 + (A2-B2)^2 + (A3-B3)^2 + (A4-B4)^2}$$

$$距离_{(A,B)} = \sqrt{(年龄差异)^2 + (薪酬差异)^2 + (体重差异)^2 + (身高差异)^2}$$

$$距离_{(A,B)} = \sqrt{(32-40)^2 + (8-15)^2 + (65-90)^2 + (6-5)^2}$$

$$距离_{(A,B)} = \sqrt{(64+49+625+1)}$$

$$距离_{(A,B)} = 27.18$$

因此，观测 A 和 B 之间的欧几里得距离就是 27.18。计算观测之间距离的其他技术如下：

● 曼哈顿距离

- 马哈拉诺比斯距离
- 闵可夫斯基距离
- 切比雪夫距离
- 余弦距离

　　聚类的目的是最小化类内距离和最大化类间距离。基于用户进行聚类的距离方法，我们最终可以得到不同的分组，因此至关重要的是，要确保选择符合业务问题的正确距离指标。在研究不同的聚类技术之前，我们要快速了解聚类的一些用途。

8.2　用途

　　如今，聚类被用于从客户细分到异常检测等各种用途。企业广泛地使用驱动聚类的机器学习来实现客户分析以及细分，以便围绕这些结果制定市场策略。聚类驱动着大量搜索引擎的结果，这是通过在聚类中找出类似对象并且让并不类似的对象彼此远离来实现的。它会基于一条搜索查询来推荐最类似的结果。

　　可以根据数据类型和业务需求以多种方式完成聚类。最常用的就是 K-均值和层次聚类。

8.2.1　K-均值

　　K 代表的是我们希望在指定数据集中形成的聚类或分组的数量。这种聚类涉及预先确定聚类数量。在了解 K-均值的运行原理之前，我们首先要熟悉两个术语。

- 质心
- 方差

　　质心指的是位于聚类或分组中心的中心数据点，是聚类中最具代表性的数据点，因为质心是聚类中相距其他数据点最等距的数据点。图 8-2 中显示了三个随机聚类的质心(由叉号表示)。

图 8-2　聚类的质心

每一个聚类或分组都包含最接近于质心的不同数量的数据点。一旦个体数据点改变了聚类，那么聚类的质心也会发生变化。分组内的中心位置会被修改，从而产生新的质心，如图 8-3 所示。

图 8-3　新聚类的新质心

聚类的整体理念是：最小化类内距离，也就是说，聚类的数据点到质心的间距要最小化；以及最大化类间距离，也就是说，两个不同聚类质心之间的距离要最大化。

方差是聚类质心和数据点之间类内距离的总和，如图 8-4 所示。随着聚类数量的增加，方差会持续减小。聚类数量越多，每个聚类中数据点的数量就越少，因此可变性就越小。

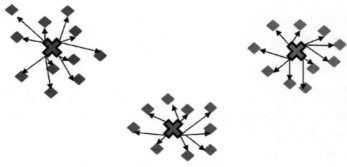

图 8-4　类内距离

K-均值聚类的处理总共由四个步骤构成，从而形成数据集中的内部分组。我们思考一个样本数据集，以便理解 K-均值聚类算法的运行原理。该样本数据集包含一些用户及其年龄和体重值，如表 8-1 所示。现在，我们使用 K 均值聚类来生成有意义的聚类并理解具体算法。

表 8-1 用于 K 均值的样本数据集

用户 ID	年龄(岁)	体重(千克)
1	18	80
2	40	60
3	35	100
4	20	45
5	45	120
6	32	65
7	17	50
8	55	55
9	60	90
10	90	50

如果在二维空间中绘制这些用户的图表，你会发现，最初没有任何数据点归属于任何分组，而我们的意图是找出这个用户分组内的聚类(可以尝试生成两个或三个聚类)，以便让每个分组都包含类似的用户。每个用户都由年龄和体重表示，如图 8-5 所示。

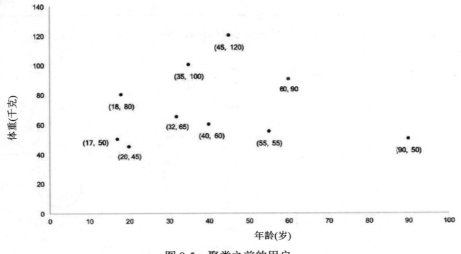

图 8-5 聚类之前的用户

步骤 1：确定 K

我们首先要确定聚类的数量(K)。大多数时候，我们一开始并不确定合适的分组数量，不过可以使用一种名为肘部法则的方法基于可变性找出最佳的聚类数量。例如，为了简单明了，我们从 K=2 开始。因此，我们要在这个样本数据集中寻求生成两个聚类。

步骤 2：质心的随机初始化

下一个步骤就是随机判定任意两个数据点作为新聚类的质心。这两个数据点可以随机选择，因此我们选择用户编号 5 和用户编号 10 作为新聚类的两个质心，如表 8-2 所示。

表 8-2　用于 K 均值的样本数据集

用户 ID	年龄(岁)	体重(千克)
1	18	80
2	40	60
3	35	100
4	20	45
5(质心 1)	45	120
6	32	65
7	17	50
8	55	55
9	60	90
10(质心 2)	90	50

这两个质心可以用体重和年龄表示，如图 8-6 所示。

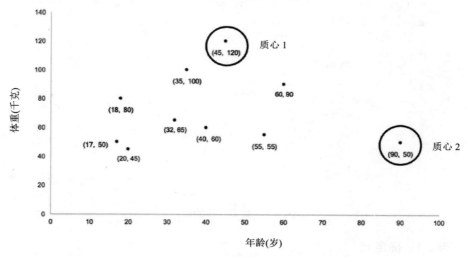

图 8-6　两个聚类的随机质心

步骤 3：为每一个值分配聚类编号

这一步计算每个数据点到质心的距离。在这个示例中，我们要计算每个用户到两个质心的欧几里得平方距离。基于该距离，我们进而确定用户归属于哪个聚类(聚类 1 或聚类 2)。用户接近于(距离较短)哪个质心，这质心就会变成那个聚类的一部分。计算每个用户的欧几里得平方距离，如表 8-3 所示。用户 5 和用户 10 的距离与它们各自质心的距离是零，因为它们本身就是质心。

表 8-3 基于到质心的距离指定聚类

用户 ID	年龄	体重	到质心 1 的欧几里得距离	到质心 2 的欧几里得距离	聚类
1	18	80	48	78	1
2	40	60	60	51	2
3	35	100	22	74	1
4	20	45	79	70	2
5	45	120	0	83	1
6	32	65	57	60	1
7	17	50	75	73	2
8	55	55	66	35	2
9	60	90	34	50	1
10	90	50	83	0	2

因此，根据到质心的距离，我们已经把每个用户分配到了聚类 1 或聚类 2。聚类 1 包含五个用户，聚类 2 也包含五个用户。图 8-7 显示了初始化的聚类和质心。

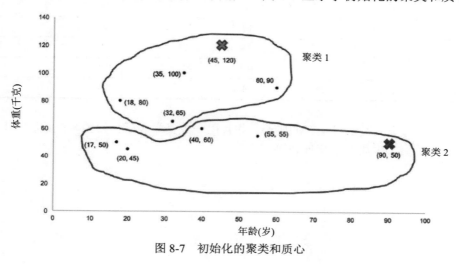

图 8-7 初始化的聚类和质心

正如之前探讨过的，在聚类中加入新的数据点，或者在去除数据点之后，聚类的质心必然发生变化。由于之前的质心不再是聚类的中心，因此接下来需要计算出新的质心。

步骤 4：计算新的质心并且重新分配聚类

K 均值聚类中的最后一步就是计算聚类的新质心，并且需要根据到新质心的距离为每一个值指定聚类。接下来计算聚类 1 和聚类 2 的新质心。要计算聚类 1 的新质心，只需要计算归属于聚类 1 的那些年龄和体重的平均值即可，如表 8-4 所示。

表 8-4　计算聚类 1 的新质心

用户 ID	年龄(岁)	体重(千克)
1	18	80
3	35	100
5	45	120
6	32	65
9	60	90
平均值	38	91

同样，以类似方式计算聚类 2 的新质心，如表 8-5 所示。

表 8-5　计算聚类 2 的新质心

用户 ID	年龄(岁)	体重(千克)
2	40	60
4	20	45
7	17	50
8	55	55
10	90	50
平均值	44.4	52

现在，每个聚类都有了新的质心，并且用一个叉号表示，如图 8-8 所示。其中，箭头表明了聚类中质心的变迁轨迹。

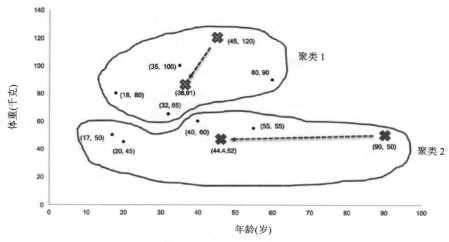

图 8-8 两个聚类的新质心

每个聚类有了质心之后，重复步骤 3 以计算每个用户到新质心的欧几里得平方距离，并且找出最近的质心。然后根据数据点到质心的距离将用户重新分配到聚类 1 或聚类 2。在这个示例中，只有用户 6 的聚类从聚类 1 变成了聚类 2，如表 8-6 所示。

表 8-6 重新指定聚类

用户 ID	年龄	体重	到质心 1 的欧几里得距离	到质心 2 的欧几里得距离	聚类
1	18	80	23	38	1
2	40	60	31	9	2
3	35	100	9	49	1
4	20	45	49	25	2
5	45	120	30	68	1
6	32	65	27	18	2
7	17	50	46	27	2
8	55	55	40	11	2
9	60	90	22	41	1
10	90	50	66	46	2

现在，聚类 1 只剩下四个用户，而聚类 2 包含六个用户，这是根据数据点到每个聚类质心的距离计算出来的，如图 8-9 所示。

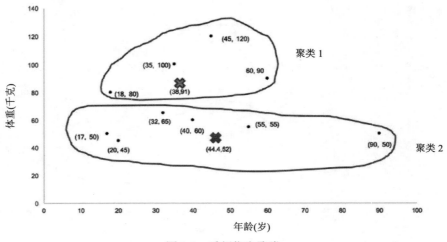

图 8-9　重新指定聚类

　　我们持续重复上述步骤，直到聚类分配不再发生变化。表 8-7 和表 8-8 中显示了新聚类的质心。

表 8-7　计算聚类 1 的质心

用户 ID	年龄	体重
1	18	80
3	35	100
5	45	120
9	60	90
平均值	39.5	97.5

表 8-8　计算聚类 2 的质心

用户 ID	年龄	体重
2	40	60
4	20	45
6	32	65
7	17	50
8	55	55
10	90	50
平均值	42.33	54.17

　　在我们执行这些处理步骤时，质心的迁移轨迹会持续变短，并且其值几乎变成特定聚类的一部分，如图 8-10 所示。

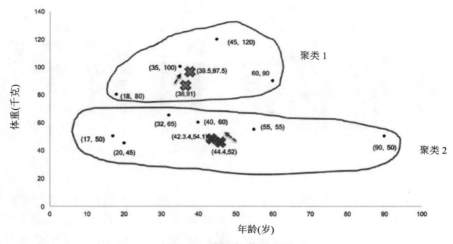

图 8-10　聚类的重新分配

正如我们可以观察到的，在质心变化之后，数据点不再有任何变化了，这样也就完成了 K-均值聚类。结果会出现多种情况，因为依赖于第一组随机质心。为了重新结果，我们也可以自行设置起始数据点。图 8-11 显示了最终的聚类及其值。

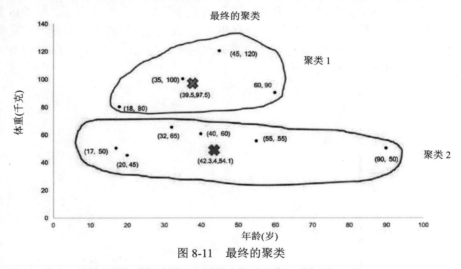

图 8-11　最终的聚类

聚类 1 所包含用户的年龄特征很平均，但似乎体重变量非常高，但对于聚类 2，分组到一起的那些用户似乎年龄要高于平均值，但非常在意体重，如图 8-12 所示。

图 8-12　最终聚类的特征

确定聚类数量(*K*)

大多数时候，选取最优的聚类数量是非常复杂的，因为我们需要深刻理解数据集以及业务问题的背景。此外，对于无监督机器学习而言，是不存在正确或错误答案的。一种方法生成的聚类数量可能会与另一种方法生成的不同。我们必须尝试并且弄明白哪种方法最适用，以及创建的聚类对于决策而言是否具有足够的相关性。每个聚类都可以由一些重要特征表示，这些特征能表示特定聚类或者提供关于特定聚类的信息。不过，有一种方法可以选取出数据集的最佳可行的聚类数量。这种方法被称为肘部法则。

肘部法则会帮助我们使用一定数量的聚类来测量数据中的总方差。聚类数量越多，方差就会变得越小。如果使用与数据集中记录数量相等的聚类数量，那么可变性就会是零，因为每个数据点到本身的距离都是零。图 8-13 中显示了 *K* 值与可变性或 SSE(误差平方和)之间的关系。

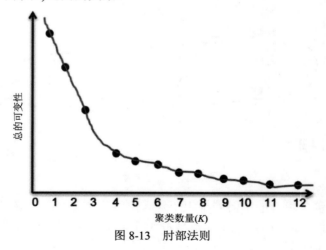

图 8-13　肘部法则

可以从图 8-13 中观察到，3 和 4 的 *K* 值之间存在着某种肘部形态。总方差(类内差异)出现突然的下降，并且在那之后方差就下降得非常缓慢了。实际上，在 *K*=9 之后，方差就变得平缓了。因此，如果使用肘部法则，那么 *K*=3 就是最有意义的，因为可以捕获最大的可变性，同时又使用较少的聚类数量。

8.2.2 层次聚类

这是无监督机器学习技术的另一种类型，并且不同于 K-均值，因为不必预先知道聚类数量。有两种类型的层次聚类。

- 凝聚聚类(自下而上方法)
- 分解聚类(自上而下方法)

下面探讨凝聚聚类，因为这种类型最常用。凝聚聚类首先会假设每个数据点都是一个单独的聚类，并且逐渐将最接近的值合并成同一个聚类，直到所有的值都成为一个聚类的组成部分。这是一种自下而上的方法，它会计算每个聚类之间的距离，并且将两个最接近的聚类合并成一个。下面借助可视化来理解凝聚聚类。假设一开始有七个数据点(A1~A7)，并且需要使用凝聚聚类将它们分组成包含相似值的聚类，如图 8-14 所示。

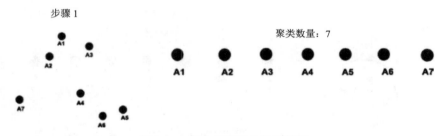

图 8-14 每个值都是单独的聚类

在初始阶段(步骤 1)，每个数据点都会被当作单独的聚类。接下来，计算每个数据点之间的距离并且将最接近的数据点合并成单个聚类。在这个示例中，数据点 A1 和 A2、A5 和 A6 彼此最为接近，因此它们分别会形成单个聚类，如图 8-15 所示。

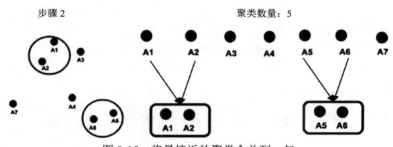

图 8-15 将最接近的聚类合并到一起

在使用层次聚类时，可以使用多种方式来确定聚类的最优数量。一种方式就是使用肘部法则本身，还有一种方式就是利用被称为树状图的方法。它被用于可视化聚类之间的可变性(欧几里得距离)。在树状图中，垂直线条的高度代表数据点或聚类与沿着底部排列的数据点之间的距离。每个数据点都会在 X 轴上被绘制出来，而距离是表示在 Y 轴(长度)上的。这就是数据点的层次结构表示。在这个示例中，步骤 2 的树状图看起来就像图 8-16 一样。

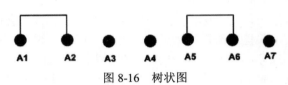

图 8-16　树状图

在步骤 3 中，会重复聚类之间距离的计算，并且最接近的聚类会被合并成单个聚类。这一次 A3 与(A1, A2)进行了合并，而 A4 与(A5, A6)进行了合并，如图 8-17 所示。

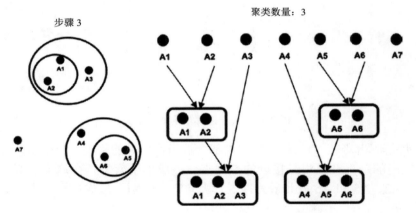

图 8-17　最接近的聚类被合并到一起

图 8-18 显示了完成步骤 3 之后的树状图。

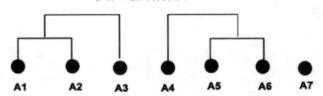

图 8-18　完成步骤 3 之后的树状图

在步骤 4 中，仅计算剩余的数据点 A7 与其他聚类之间的距离，并且发现 A7 最接近于聚类(A4, A5, A6)，所以它被合并到这个聚类，如图 8-19 所示。

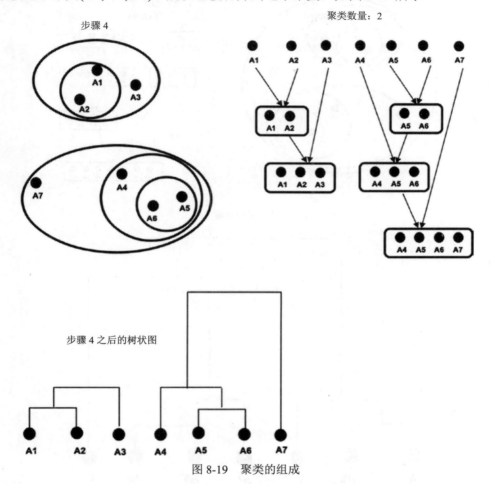

图 8-19　聚类的组成

在最后一个阶段(步骤 5)，所有的数据点都被合并成单个聚类(A1, A2, A3, A4, A5, A6, A7)，如图 8-20 所示。

有时候，难以通过树状图识别出聚类的正确数量，因为树状图可能会变得非常复杂，并且难以根据用来聚类的数据集进行解释。相较于 K-均值而言，层次聚类对大型数据集的处理效果并不是很好。

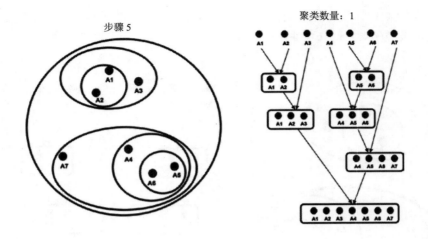

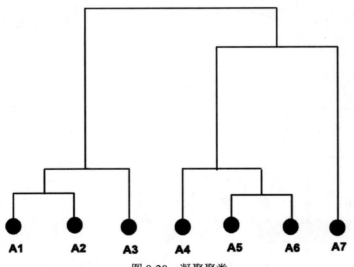

图 8-20　凝聚聚类

聚类对数据点的规模也非常敏感，因此最好在进行聚类之前进行数据缩放。还有其他类型的聚类可以用于将相似数据点分组到一起，例如下面这两种：

- 高斯混合模型聚类
- 模糊 C-均值聚类

不过上面这两种方法超出了本书的内容范畴。我们现在着手在 PySpark 中使用 K 均值和数据集构建聚类。

8.3 代码

本节介绍如何使用 PySpark 和 Jupyter Notebook 进行 K 均值聚类。

▇ 提示：

可以从本书的GitHub仓库中获取源代码以及完整的数据集，最好基于Spark 2.0 及其更高版本执行这些代码。

本练习将使用一个最标准的开源数据集——IRIS 数据集，以便获取聚类数量以及比较有监督和无监督时的表现。

8.3.1 数据信息

本练习打算使用的数据集是著名的开源 IRIS 数据集，其中总共包含 150 条记录，并且具有 5 列(花萼长度、花萼宽度、花瓣长度、花瓣宽度、花朵种类)。每个花朵种类有 50 条记录。我们尝试将这些记录分组成聚类，但不使用种类标签信息。

8.3.2 步骤 1：创建 SparkSession 对象

打开 Jupyter Notebook 并且引入 SparkSession，然后使用 Spark 创建一个新的 SparkSession 对象：

```
[In]: from pyspark.sql import SparkSession
[In]: spark=SparkSession.builder.appName('K_means').
getOrCreate()
```

8.3.3 步骤 2：读取数据集

之后，要在 Spark 中使用 DataFrame 加载和读取数据集，就必须确保在数据集所处的同一目录中打开了 PySpark，否则必须提供数据文件夹的目录路径。

```
[In]:
df=spark.read.csv('iris_dataset.csv',inferSchema=True,header=True)
```

8.3.4 步骤 3：探究式数据分析

这一节将研究数据集，我们需要查看数据集，验证数据集的形状结构：

```
[In]:print((df.count(), len(df.columns)))
[Out]: (150,3)
```

因此，上面的输出确认了数据集的大小，可以验证输入值的数据类型，以便检查是否有任何列需要变更/转换数据类型。

```
[In]: df.printSchema()
[Out]: root
 |-- sepal_length: double (nullable = true)
 |-- sepal_width: double (nullable = true)
 |-- petal_length: double (nullable = true)
 |-- petal_width: double (nullable = true)
 |-- species: string (nullable = true)
```

总共有五列，其中四列都是数值类型，而标签(species)列是类别类型。

```
[In]: from pyspark.sql.functions import rand
[In]: df.orderBy(rand()).show(10,False)
[Out]:
+------------+-----------+------------+-----------+----------+
|sepal_length|sepal_width|petal_length|petal_width|species   |
+------------+-----------+------------+-----------+----------+
|5.5         |2.6        |4.4         |1.2        |versicolor|
|4.5         |2.3        |1.3         |0.3        |setosa    |
|5.1         |3.7        |1.5         |0.4        |setosa    |
|7.7         |3.0        |6.1         |2.3        |virginica |
|5.5         |2.5        |4.0         |1.3        |versicolor|
|6.3         |2.3        |4.4         |1.3        |versicolor|
|6.2         |2.9        |4.3         |1.3        |versicolor|
|6.3         |2.5        |4.9         |1.5        |versicolor|
|4.7         |3.2        |1.3         |0.2        |setosa    |
|6.1         |2.8        |4.0         |1.3        |versicolor|
+------------+-----------+------------+-----------+----------+
[In]: df.groupBy('species').count().orderBy('count').
      show(10,False)
[Out]:
+----------+-----+
```

```
|species    |count|
+---------- +-----+
|virginica  |50   |
|setosa     |50   |
|versicolor |50   |
+---------- +-----+
```

因此，通过输出可以确认，该数据集中提供的每个花朵种类的记录数量都是相等的。

8.3.5　步骤 4：特征工程

在这个步骤中，我们将创建单个向量，通过使用 Spark 的 VectorAssembler 将所有的输入特征合并到该向量中。它只会创建单个特征，以便捕获特定行的输入值。因此，不同于四个输入列(这里没有考虑标签列，因为我们需要使用无监督机器学习技术)，VectorAssembler 实质上会以列表形式将四个列转换成具有四个输入值的单一列。

```
[In]: from pyspark.ml.linalg import Vector
[In]: from pyspark.ml.feature import VectorAssembler
[In]: input_cols=['sepal_length', 'sepal_width', 'petal_
      length', 'petal_width']
[In]: vec_assembler = VectorAssembler(inputCols = input_cols,
      outputCol='features')
[In]: final_data = vec_assembler.transform(df)
```

8.3.6　步骤 5：构建 K 均值聚类模型

最终的数据包含了输入向量，它可被用于运行 K 均值聚类。由于需要在使用 K 均值之前预先声明 K 的值，因此我们可以使用肘部法则确定 K 的合适值。为了使用肘部法则，需要用不同的 K 值运行 K 均值聚类。首先，要从 PySpark 库中引入 K 均值，并且创建一个空的列表以便为 K 的每个值捕获(聚类距离中的)可变性或 SSE。

```
[In]:from pyspark.ml.clustering import KMeans
[In]:errors=[]
[In]:
for k in range(2,10):
kmeans = KMeans(featuresCol='features',k=k)
```

```
model = kmeans.fit(final_data)
intra_distance = model.computeCost(final_data)
errors.append(intra_distance)
```

■ 提示：

K 应该有一个最小值 2，以便能够构建聚类。

现在，我们可以使用 NumPy 和 matplotlib 以及聚类数量来绘制类内距离。

```
[In]: import pandas as pd
[In]: import numpy as np
[In]: import matplotlib.pyplot as plt
[In]: cluster_number = range(2,10)
[In]: plt.xlabel('Number of Clusters (K)')
[In]: plt.ylabel('SSE')
[In]: plt.scatter(cluster_number,errors)
[In]: plt.show()
[Out]:
```

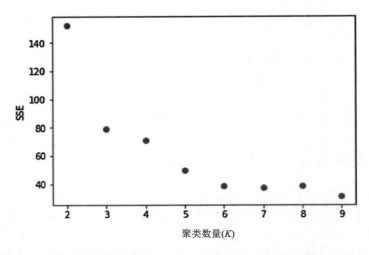

在这个示例中，*K*=3 似乎是最合适的聚类数量，因为我们可以看到 3 和 4 这两个值之间存在一种肘部形状。我们使用 *K*=3 来构建最终的聚类。

```
[In]: kmeans = KMeans(featuresCol='features',k=3)
[In]: model = kmeans.fit(final_data)
[In]: model.transform(final_data).groupBy('prediction').
```

```
count().show()
[Out]:
+----------+-----+
|prediction|count|
+----------+-----+
|         1|   50|
|         2|   38|
|         0|   62|
+----------+-----+
```

　　K 均值聚类为我们提供了基于 IRIS 数据集的三个不同聚类。这些分配中必然有一些是错误的，因为只有一个分类的分组中具有 50 条记录，而其余的分类都混杂起来了。可以使用 transform 函数为原始数据集指定聚类数量，并且使用 groupBy 函数验证分组。

```
[In]: predictions=model.transform(final_data)
[In]: predictions.groupBy('species','prediction').count().
show()
[Out]:
```

species	prediction	count
virginica	2	14
setosa	0	50
virginica	1	36
versicolor	1	3
versicolor	2	47

　　正如可以从输出中看到的，setosa 种类的分组很完美，versicolor 种类的也是，几乎被捕获到同一聚类中，不过 verginica 似乎落到了两个不同的分组中。*K* 均值每次都会生成不同的结果，因为每次都会随机选择起始数据点(质心)。因此，在 *K* 均值聚类中得到的结果也许会与这里的这些结果完全不同，除非使用一个种子重新生成这些结果。种子会确保对数据点的划分以及初始质心在整个分析过程中保持一致。

8.3.7 步骤 6：聚类的可视化

在最后一步中，我们可以借助 Python 的 matplotlib 库来可视化新的聚类。为此，首先要将 Spark DataFrame 转换成 Pandas DataFrame：

```
[In]: pandas_df = predictions.toPandas()
[In]: pandas_df.head()
```

	sepal_length	sepal_width	petal_length	petal_width	species	features	prediction
5	5.4	3.9	1.7	0.4	setosa	[5.4, 3.9, 1.7, 0.4]	0
95	5.7	3.0	4.2	1.2	versicolor	[5.7, 3.0, 4.2, 1.2]	2
132	6.4	2.8	5.6	2.2	virginica	[6.4, 2.8, 5.6, 2.2]	1
128	6.4	2.8	5.6	2.1	virginica	[6.4, 2.8, 5.6, 2.1]	1
23	5.1	3.3	1.7	0.5	setosa	[5.1, 3.3, 1.7, 0.5]	0

引入所需的库以绘制第三个可视化图表并且观察其中的聚类：

```
[In]: from mpl_toolkits.mplot3d import Axes3D
[In]: cluster_vis = plt.figure(figsize=(12,10)).
      gca(projection='3d')
[In]: cluster_vis.scatter(pandas_df.sepal_length, pandas_
      df.sepal_width, pandas_df.petal_length, c=pandas_
      df.prediction,depthshade=False)
[In]: plt.show()
```

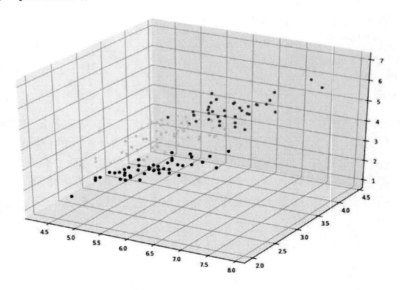

8.4　小结

　　本章介绍了不同类型的无监督机器学习技术，并且使用 PySpark 中的 K 均值算法构建了聚类。K 均值会使用随机质心对数据点进行分组，而层次聚类的重点是将所有的数据点合并成单个聚类。本章还介绍了确定聚类最优数量的各种技术，例如肘部法则和树状图，它们会在对数据点进行分组时使用方差优化。

第 9 章

■ ■ ■ ■

自然语言处理

9.1 引言

这一章将介绍使用 PySpark 处理文本数据的一些基础技术。如今的文本数据正以闪电般的速度生成,因为有很多社交媒体平台为用户提供了可以选择分享观点、建议、评论的服务。专注于机器学习以及理解文本数据以便执行一些有用任务的技术领域就被称为自然语言处理(Natural Language Processing,NLP)。文本数据可以是结构化或者非结构化的,我们必须进行多步处理以便做好对数据的分析准备。如今有许多业务都会频繁使用许多 NLP 应用,例如对话机器人、语音识别、语言翻译、推荐系统、垃圾邮件检测以及情绪分析。这一章将阐释一系列处理步骤以便处理文本数据并对它们应用机器学习算法。本章还会展示序列嵌入,这是用于分类传统输入特征的一种可选方案。

9.2 NLP 涉及的处理步骤

执行 NLP 分析并没有唯一的正确方式,因为我们可以探究多种方式并且采用不同的方法来处理文本数据。不过,从机器学习的角度讲,需要执行五个主要步骤,以便准备好用于分析的文本数据。

(1) 读取语料

(2) 标记化

(3) 清理/移除停用词

(4) 词干提取

(5) 转换成数值形式

在开始进入加载和清理文本数据的处理步骤之前，首先我们要了解"语料"这个术语，因为这个术语会在本章后续内容中持续出现。

9.3　语料

语料被称为文本文档的完整集合。例如，假设一个集合中有数千封电子邮件，它们需要处理和分析以供使用。这组电子邮件就被称为语料，因为里面包含了所有的文本文档。文本处理的下一个步骤就是标记化。

9.4　标记化

将指定语句或文本文档的词语集合划分成单独/独立词语的方法被称为标记化。这会移除不必要的字符，例如标点符号。例如，假设有如下这样的语句。

输入：　He really liked the London City. He is there for two more days.

进行标记：He, really, liked, the, London, City, He, is, there, for, two, more, days

我们最后会从上面的输入语句中得到 13 个标记。

我们来看看如何才能使用 PySpark 进行标记化。第一步就是创建一个具有文本数据的 DataFrame。

```
[In]: df=spark.createDataFrame([(1,'I really liked this movie'),
      (2,'I would recommend this movie to my friends'),
      (3,'movie was alright but acting was horrible'),
      (4,'I am never watching that movie ever again')],
      ['user_id','review'])
[In]: df.show(4,False)
[Out]:
+-------+-----------------------------------------+
|user_id|review |
+-------+-----------------------------------------+
|1      |I really liked this movie                |
|2      |I would recommend this movie to my friends|
|3      |movie was alright but acting was horrible |
|4      |I am never watching that movie ever again |
+-------+-----------------------------------------+
```

在这个 DataFrame 中，有四条语句需要进行标记化。下一步就是从 Spark 库中引入 Tokenizer。然后必须传入输入列并且对标记之后的输出列进行命名。这里使用 transform 函数，以便将标记应用到 review 列。

```
[In]: from pyspark.ml.feature import Tokenizer
[In]: tokenization=Tokenizer(inputCol='review',outputCol='tokens')
[In]: tokenized_df=tokenization.transform(df)
[In]: tokenized_df.show(4,False)
[Out]:
```

```
+-------+-----------------------------------+-------------------------------------------------+
|user_id|review                             |tokens                                           |
+-------+-----------------------------------+-------------------------------------------------+
|1      |I really liked this movie          |[i, really, liked, this, movie]                  |
|2      |I would recommend this movie to my friends|[i, would, recommend, this, movie, to, my, friends]|
|3      |movie was alright but acting was horrible|[movie, was, alright, but, acting, was, horrible]|
|4      |I am never watching that movie ever again|[i, am, never, watching, that, movie, ever, again]|
+-------+-----------------------------------+-------------------------------------------------+
```

这里得到了一个名为 tokens 的新列，其中包含每条语句的标记。

9.5　移除停用词

正如我们可以从上述输出中观察到的，tokens 列包含了非常通用的单词，例如 this、the、to、was、that 等。这些单词被称为停用词，并且它们似乎对于分析而言没有太大价值。如果将它们用于分析，则会增加计算开销，而不会带来过多价值或者见解。因此，比较好的做法是，将这些停用词从标记中移除。在 PySpark 中，可以使用 StopWordsRemover 来移除停用词。

```
[In]: from pyspark.ml.feature import StopWordsRemover
[In]: stopword_removal=StopWordsRemover(inputCol='tokens',
      outputCol='refined_tokens')
      We then pass the tokens as the input column and name the
      output column as refined tokens.
[In]: refined_df=stopword_removal.transform(tokenized_df)
[In]: refined_df.select(['user_id','tokens','refined_tokens']).
      show(4,False)
[Out]:
```

```
+-------+---------------------------------------------+------------------------------------+
|user_id|tokens                                       |refined_tokens                      |
+-------+---------------------------------------------+------------------------------------+
|1      |[i, really, liked, this, movie]              |[really, liked, movie]              |
|2      |[i, would, recommend, this, movie, to, my, friends]|[recommend, movie, friends]    |
|3      |[movie, was, alright, but, acting, was, horrible]|[movie, alright, acting, horrible]|
|4      |[i, am, never, watching, that, movie, ever, again]|[never, watching, movie, ever]   |
+-------+---------------------------------------------+------------------------------------+
```

如上所示，在 tokens 列中已经移除了 I、this、was、am、but、that 这样的停用词。

9.6 词袋

这是一种方法，通过词袋可以数值形式表示文本数据，以便将文本数据用于机器学习或其他任何分析。文本数据通常都是非结构化的，并且长度并不固定。词袋允许我们将文本形式转换成数值向量形式，其中涉及单词在文本文档中出现的频率。例如：

文档 1——The best thing in life is to travel

文档 2——Travel is the best medicine

文档 3——One should travel more often

词汇表：出现在所有文档中的独特单词的列表被称为词汇表。在上面的示例中，有 13 个独特的单词，它们都是词汇表的一部分。每个文档都可以使用如下固定大小为 13 的向量来表示：

The	best	thing	in	life	is	to	travel	medicine	one	should	more	often

另一个要素就是使用布尔值(1 或 0)来表示特定文档中的单词。

文档 1：

The	best	thing	in	life	is	to	travel	medicine	one	should	more	often
1	1	1	1	1	1	1	1	0	0	0	0	0

文档 2：

The	best	thing	in	life	is	to	travel	medicine	one	should	more	often
1	1	0	0	0	1	0	1	1	0	0	0	0

文档 3：

The	best	thing	in	life	is	to	travel	medicine	one	should	more	often
0	0	0	0	0	0	0	1	0	1	1	1	1

词袋并不会考虑单词的语义以及它们在文档中的顺序，因此词袋是以数值形式表示文本数据的最基础方法。还有其他方法可以将文本数据转换成数值形式，稍后将进行介绍。下面使用 PySpark 来了解这些方法中的每一种。

9.7 计数向量器

在词袋中，我们看到了直接通过 1 或 0 来表示单词出现与否，而没有考虑单词的出现频率。计数向量器会统计特定文档中单词出现的次数。这里要使用的文本文档与之前标记化期间创建的文本文档相同。首先引入计数向量器：

```
[In]: from pyspark.ml.feature import CountVectorizer
[In]: count_vec=CountVectorizer(inputCol='refined_tokens',
      outputCol='features')
[In]: cv_df=count_vec.fit(refined_df).transform(refined_df)
[In]: cv_df.select(['user_id','refined_tokens','features']).
      show(4,False)
[Out]:
```

```
+-------+----------------------------------+---------------------------------+
|user_id|refined_tokens                    |features                         |
+-------+----------------------------------+---------------------------------+
|1      |[really, liked, movie]            |(11,[0,4,9],[1.0,1.0,1.0])       |
|2      |[recommend, movie, friends]       |(11,[0,6,10],[1.0,1.0,1.0])      |
|3      |[movie, alright, acting, horrible]|(11,[0,2,3,5],[1.0,1.0,1.0,1.0]) |
|4      |[never, watching, movie, ever]    |(11,[0,1,7,8],[1.0,1.0,1.0,1.0])|
+-------+----------------------------------+---------------------------------+
```

可以从中看出，每条语句都被表示为一个密集向量。结果表明，向量长度为 11，并且第一条语句包含 3 个值，分别位于第 0 个、第 4 个和第 9 个索引处。

为了验证计数向量器的词汇表，可以直接使用 vocabulary 函数：

```
[In]: count_vec.fit(refined_df).vocabulary
[Out]:
['movie',
'horrible',
'really',
'alright',
'liked',
'friends',
'recommend',
'never',
'ever',
'acting',
'watching']
```

因此，上述语句的词汇表大小是 11，并且如果仔细观察特征，就会发现它们类似于我们在 PySpark 的机器学习中一直使用的输入特征向量。使用计数向量器方法的缺点在于，不会考虑单词同时出现在其他文档中的情况。简而言之，出现越频繁的单词对特征向量造成的影响也越大。因此，将文本数据转换成数值形式的另一种方法被称为词频-逆文本频率(TF-IDF)。

9.8 TF-IDF

TF-IDF 会尝试基于其他文档归一化单词出现的频率。整体理念是，如果单词在同一文档中大量出现，则给予更多的权重；但如果单词也在其他文档中大量出现，则给予惩罚。这就表明，一个单词也许在语料中是常见的，但却并不像在当前文档中的出现频率那么重要。

词频：基于单词在当前文档中的出现频率来评分。

逆文档频率：基于包含当前单词的文档的出现频率来评分。

现在，我们基于 PySpark 中的 TF-IDF 并使用同一个提炼过的 DataFrame 创建特征。

```
[In]: from pyspark.ml.feature import HashingTF,IDF
[In]: hashing_vec=HashingTF(inputCol='refined_tokens',
      outputCol='tf_features')
[In]: hashing_df=hashing_vec.transform(refined_df)
[In]: hashing_df.select(['user_id','refined_tokens',
      'tf_features']).show(4,False)
[Out]:
```

user_id	refined_tokens	tf_features
1	[really, liked, movie]	(262144,[14,32675,155321],[1.0,1.0,1.0])
2	[recommend, movie, friends]	(262144,[129613,155321,222394],[1.0,1.0,1.0])
3	[movie, alright, acting, horrible]	(262144,[80824,155321,236263,240286],[1.0,1.0,1.0,1.0])
4	[never, watching, movie, ever]	(262144,[63139,155321,203802,245806],[1.0,1.0,1.0,1.0])

```
[In]: tf_idf_vec=IDF(inputCol='tf_features',outputCol='tf_idf_
      features')
[In]: tf_idf_df=tf_idf_vec.fit(hashing_df).transform(hashing_df)
[In]: tf_idf_df.select(['user_id','tf_idf_features']).show(4,False)
[Out]:
```

```
+---------+---------------------------------------------------------------------------------------------------+
|user_id|tf_idf_features                                                                                      |
+---------+---------------------------------------------------------------------------------------------------+
|1        |(262144,[14,32675,155321],[0.9162907318741551,0.9162907318741551,0.0])                             |
|2        |(262144,[129613,155321,222394],[0.9162907318741551,0.0,0.9162907318741551])                        |
|3        |(262144,[80824,155321,236263,240286],[0.9162907318741551,0.0,0.9162907318741551,0.9162907318741551])|
|4        |(262144,[63139,155321,203802,245806],[0.9162907318741551,0.0,0.9162907318741551,0.9162907318741551])|
+---------+---------------------------------------------------------------------------------------------------+
```

9.9 使用机器学习进行文本分类

现在我们已经基本理解了应对文本处理和特征向量化时涉及的步骤，可以构建一个文本分类模型，并且将之用于对文本数据进行预测。这里要使用的数据集是开源的已标记电影镜头评论数据，并且我们打算预测任意指定评论的情绪分类(正面或负面)。首先读取文本数据并且创建一个 Spark DataFrame：

```
[In]: text_df=spark.read.csv('Movie_reviews.csv',inferSchema=
      True,header=True,sep=',')
[In]: text_df.printSchema()
[Out]:
root
 |-- Review: string (nullable = true)
 |-- Sentiment: string (nullable = true)
```

可以从中看出，Sentiment 列是字符串类型，我们需要进一步将其转换成整数或浮点数类型：

```
[In]: text_df.count()
[Out]: 7087
```

数据中大约有 7000 条记录，其中一些数据可能没有被正确标记。因此，我们只筛选出那些被正确标记的记录：

```
[In]: text_df=text_df.filter(((text_df.Sentiment =='1') |
(text_df.Sentiment =='0')))
[In]: text_df.count()
[Out]: 6990
```

其中一些记录被过滤掉了，现在留下 6990 条记录用于分析。下一步就是验证每个类别的评论数量：

```
[In]: text_df.groupBy('Sentiment').count().show()
[Out]:
+---------+-----+
```

145

```
|Sentiment|count|
+---------+-----+
|        0| 3081|
|        1| 3909|
+---------+-----+
```

这里所处理的数据集是均衡的，因为两个类别具有几乎相等的评论数量。我们来看看数据集中的一些记录：

```
[In]: from pyspark.sql.functions import rand
[In]: text_df.orderBy(rand()).show(10,False)
[Out]:
```

```
+-----------------------------------------------------------+---------+
|Review                                                     |Sentiment|
+-----------------------------------------------------------+---------+
|Mission Impossible 3 was excellent.                        |1        |
|I wanted desperately to love'The Da Vinci Code as a film.  |1        |
|love Harry Potter.                                         |1        |
|Oh, and Brokeback Mountain was a terrible movie.           |0        |
|Love luv lubb the Da Vinci Code!                           |1        |
|Brokeback Mountain was so awesome.                         |1        |
|""" DA VINCI CODE SUCKS."                                  |0        |
|"I liked the first "" Mission Impossible."                 |1        |
|I love Harry Potter.                                       |1        |
|i love your mission impossible move.                       |1        |
+-----------------------------------------------------------+---------+
```

下一步是创建一个新的整数类型标签(Label)列，并且去掉原始的 Sentiment 列，Sentiment 列是字符串类型的。

```
[In]: text_df=text_df.withColumn("Label", text_df.Sentiment.
      cast('float')).drop('Sentiment')
[In]: text_df.orderBy(rand()).show(10,False)
[Out]:
```

```
+---------------------------------------------------------------+-----+
|Review                                                         |Label|
+---------------------------------------------------------------+-----+
|I hate Harry Potter.                                           |0.0  |
|I am the only person in the world who thought Brokeback Mountain sucked.|0.0  |
|Not because I hate Harry Potter, but because I am the type of person tha|0.0  |
|Which is why i said silent hill turned into reality coz i was hella like|1.0  |
|The Da Vinci Code sucked big time.                             |0.0  |
|The Da Vinci Code sucked big time.                             |0.0  |
|Ok brokeback mountain is such a horrible movie.                |0.0  |
|A / N: This is a gift for sivullinen who requested: " I'd love some NC|1.0  |
|, she helped me bobbypin my insanely cool hat to my head, and she laughe|0.0  |
|I love the Da Vinci Code.                                      |1.0  |
+---------------------------------------------------------------+-----+
```

还要增加一个额外的 length 列来捕获评论的长度。

```
[In]: from pyspark.sql.functions import length
[In]: text_df=text_df.withColumn('length',length(text_df['Review']))
[In]: text_df.orderBy(rand()).show(10,False)
[Out]:
```

```
+------------------------------------------------------------------------+-----+------+
|Review                                                                  |Label|length|
+------------------------------------------------------------------------+-----+------+
|I have to say that I loved Brokeback Mountain.                           |1.0  |46    |
|The Da Vinci Code is awesome!!                                           |1.0  |30    |
|Oh, and Brokeback Mountain was a terrible movie.                        |0.0  |48    |
|man i loved brokeback mountain!                                          |1.0  |31    |
|Even though Brokeback Mountain is one of the most depressing movies, eve|0.0  |72    |
|da vinci code sucks...                                                   |0.0  |22    |
|Combining the opinion / review from Gary and Gin Zen, The Da Vinci Code |0.0  |71    |
|da vinci code sucks...                                                   |0.0  |22    |
|Finally feel up to making the long ass drive out to the Haunt tonight...|1.0  |72    |
|the last stand and Mission Impossible 3 both were awesome movies.       |1.0  |65    |
+------------------------------------------------------------------------+-----+------+
```

```
[In]: text_df.groupBy('Label').agg({'Length':'mean'}).show()
[Out]:
```

```
+-----+-----------------+
|Label|      avg(Length)|
+-----+-----------------+
|  1.0|47.61882834484523|
|  0.0|50.95845504706264|
+-----+-----------------+
```

正面评论和负面评论的平均长度并没有明显的差异。下一步是开始进行标记化处理以及移除停用词。

```
[In]: tokenization=Tokenizer(inputCol='Review',outputCol='tokens')
[In]: tokenized_df=tokenization.transform(text_df)
[In]: stopword_removal=StopWordsRemover(inputCol='tokens',
        outputCol='refined_tokens')
[In]: refined_text_df=stopword_removal.transform(tokenized_df)
```

由于我们仅仅在处理标记而不是整个评论，因此相比于使用评论长度，捕获每条评论中的标记数量会更加合理。我们创建另一个列(token_count)以便在每一行中提供标记的数量。

```
[In]: from pyspark.sql.functions import udf
[In]: from pyspark.sql.types import IntegerType
```

147

```
[In]: from pyspark.sql.functions import *
[In]: len_udf = udf(lambda s: len(s), IntegerType())
[In]: refined_text_df = refined_text_df.withColumn("token_count",
      len_udf(col('refined_tokens')))
[In]: refined_text_df.orderBy(rand()).show(10)
[Out]:
```

```
+--------------------+-----+------+--------------------+--------------------+-----------+
|              Review|Label|length|              tokens|      refined_tokens|token_count|
+--------------------+-----+------+--------------------+--------------------+-----------+
|da vinci code was...|  1.0|    37|[da, vinci, code,...|[da, vinci, code,...|          5|
|Not because I hat...|  0.0|    72|[not, because, i,...|[hate, harry, pot...|          6|
|I love Harry Potter.|  1.0|    20|[i, love, harry, ...|[love, harry, pot...|          3|
|and I love Da Vin...|  1.0|    71|[and, i, love, da...|[love, da, vinci,...|          7|
|Da Vinci Code = U...|  0.0|    72|[da, vinci, code,...|[da, vinci, code,...|         15|
|Brokeback Mountai...|  0.0|    34|[brokeback, mount...|[brokeback, mount...|          3|
|I think I hate Ha...|  0.0|    72|[i, think, i, hat...|[think, hate, har...|          9|
|Harry Potter is b...|  1.0|    26|[harry, potter, i...|[harry, potter, b...|          3|
|The Da Vinci Code...|  1.0|    30|[the, da, vinci, ...|[da, vinci, code,...|          4|
|Combining the opi...|  0.0|    71|[combining, the, ...|[combining, opini...|         10|
+--------------------+-----+------+--------------------+--------------------+-----------+
```

现在我们已经有了移除停用词之后经过提炼的标记，可以使用上述方法中的任意一种将文本转换成数值特征。在这个示例中，我们将特征向量化的计数向量器用于机器学习模型。

```
[In]: count_vec=CountVectorizer(inputCol='refined_tokens',
      outputCol='features')
[In]: cv_text_df=count_vec.fit(refined_text_df).transform
      (refined_text_df)
[In]: cv_text_df.select(['refined_tokens','token_count','features',
      'Label']).show(10)
[Out]:
```

```
+--------------------+-----------+--------------------+-----+
|      refined_tokens|token_count|            features|Label|
+--------------------+-----------+--------------------+-----+
|[da, vinci, code,...|          5|(2302,[0,1,4,43,2...|  1.0|
|[first, clive, cu...|          9|(2302,[11,51,229,...|  1.0|
|[liked, da, vinci...|          5|(2302,[0,1,4,53,3...|  1.0|
|[liked, da, vinci...|          5|(2302,[0,1,4,53,3...|  1.0|
|[liked, da, vinci...|          8|(2302,[0,1,4,53,6...|  1.0|
|[even, exaggerati...|          6|(2302,[46,229,271...|  1.0|
|[loved, da, vinci...|          8|(2302,[0,1,22,30,...|  1.0|
|[thought, da, vin...|          7|(2302,[0,1,4,228,...|  1.0|
|[da, vinci, code,...|          6|(2302,[0,1,4,33,2...|  1.0|
```

```
|[thought, da, vin...|          7|(2302,[0,1,4,223,...|  1.0|
+-------------------+----------+-------------------+-----+
[In]: model_text_df=cv_text_df.select(['features',
      'token_count','Label'])
```

一旦每一行都有了特征向量,就可以利用 VectorAssembler 来创建用于机器学习模型的输入特征:

```
[In]: from pyspark.ml.feature import VectorAssembler
[In]: df_assembler = VectorAssembler(inputCols=['features',
      'token_count'],outputCol='features_vec')
[In]: model_text_df = df_assembler.transform(model_text_df)
[In]: model_text_df.printSchema()
[Out]:
root
 |-- features: vector (nullable = true)
 |-- token_count: integer (nullable = true)
 |-- Label: float (nullable = true)
 |-- features_vec: vector (nullable = true)
```

可以对这些数据使用任意一种分类模型,不过这里我们继续训练逻辑回归模型。

```
[In]: from pyspark.ml.classification import LogisticRegression
[In]: training_df,test_df=model_text_df.randomSplit([0.75,0.25])
```

为了验证训练集和测试集中的两个分类是否具有足够的记录,我们可以将 groupBy 函数应用到 Label 列:

```
[In]: training_df.groupBy('Label').count().show()
[Out]:
+-----+-----+
|Label|count|
+-----+-----+
|  1.0| 2979|
|  0.0| 2335|
+-----+-----+
[In]: test_df.groupBy('Label').count().show()
[Out]:
```

```
+-----+-----+
|Label|count|
+-----+-----+
|  1.0|  930|
|  0.0|  746|
+-----+-----+
```

```
[In]: log_reg=LogisticRegression(featuresCol='features_vec',
      labelCol='Label').fit(training_df)
```

在训练好模型之后，我们基于测试集评估模型的性能：

```
[In]: results=log_reg.evaluate(test_df).predictions
[In]: results.show()
[Out]:
```

features	token_count	Label	features_vec	rawPrediction	probability	prediction
(2302,[0,1,4,5,64...	6	1.0	(2303,[0,1,4,5,64...	[-18.830941540939...	[6.63477190315568...	1.0
(2302,[0,1,4,5,89...	9	1.0	(2303,[0,1,4,5,89...	[-29.076874095578...	[2.35545075686894...	1.0
(2302,[0,1,4,5,30...	5	1.0	(2303,[0,1,4,5,30...	[-24.244556501413...	[2.95612568707732...	1.0
(2302,[0,1,4,5,44...	5	1.0	(2303,[0,1,4,5,44...	[-21.509618767712...	[4.55503020457943...	1.0
(2302,[0,1,4,5,82...	6	1.0	(2303,[0,1,4,5,82...	[-15.544123371433...	[1.77530475650336...	1.0
(2302,[0,1,4,11,1...	6	0.0	(2303,[0,1,4,11,1...	[19.7679077548244...	[0.99999999740039...	0.0
(2302,[0,1,4,11,4...	7	1.0	(2303,[0,1,4,11,4...	[-19.715182049118...	[2.74034489094736...	1.0
(2302,[0,1,4,12,1...	8	1.0	(2303,[0,1,4,12,1...	[-11.939533517377...	[6.52715073472097...	1.0
(2302,[0,1,4,12,1...	5	1.0	(2303,[0,1,4,12,1...	[-18.598733876142...	[8.36897949082172...	1.0
(2302,[0,1,4,12,3...	8	1.0	(2303,[0,1,4,12,3...	[-26.587158762213...	[2.84016558119887...	1.0
(2302,[0,1,4,12,3...	5	1.0	(2303,[0,1,4,12,3...	[-23.308368615675...	[7.53883308804207...	1.0
(2302,[0,1,4,12,3...	5	1.0	(2303,[0,1,4,12,3...	[-23.308368615675...	[7.53883308804207...	1.0
(2302,[0,1,4,12,3...	5	1.0	(2303,[0,1,4,12,3...	[-23.308368615675...	[7.53883308804207...	1.0
(2302,[0,1,4,12,3...	5	1.0	(2303,[0,1,4,12,3...	[-23.308368615675...	[7.53883308804207...	1.0
(2302,[0,1,4,12,3...	5	1.0	(2303,[0,1,4,12,3...	[-23.308368615675...	[7.53883308804207...	1.0
(2302,[0,1,4,12,3...	5	1.0	(2303,[0,1,4,12,3...	[-23.308368615675...	[7.53883308804207...	1.0
(2302,[0,1,4,12,3...	5	1.0	(2303,[0,1,4,12,3...	[-23.308368615675...	[7.53883308804207...	1.0

```
[In]: from pyspark.ml.evaluation import
      BinaryClassificationEvaluator
[In]: true_postives = results[(results.Label == 1) & (results.
      prediction == 1)].count()
[In]: true_negatives = results[(results.Label == 0) & (results.
      prediction == 0)].count()
[In]: false_positives = results[(results.Label == 0) &
      (results.prediction == 1)].count()
[In]: false_negatives = results[(results.Label == 1) &
      (results.prediction == 0)].count()
```

该模型的性能似乎相当好，并且能够轻易地区分正面和负面评论。

```
[In]: recall = float(true_postives)/(true_postives + false_
```

```
                 negatives)
[In]:print(recall)
[Out]: 0.986021505376344
[In]: precision = float(true_postives) / (true_postives +
       false_positives)
[In]: print(precision)
[Out]: 0.9572025052192067
[In]: accuracy=float((true_postives+true_negatives) /(results.
       count()))
[In]: print(accuracy)
[Out]: 0.9677804295942721
```

9.10 序列嵌入

　　每一天都有数百万人访问企业网站，并且每个人都会采取一系列不同的步骤以便搜寻到合适的信息/产品。不过，其中由于某些原因大多数人都会感到失望和沮丧，只有很少一些人能在网站中浏览到合适的页面。在这类情形下，就会变得难以弄清楚潜在客户实际上是否获得了想要搜寻的信息。另外，也无法对这些浏览者的个体操作进行交叉对比，因为每个人都完成了一组不同的操作。那么，我们如何才能知道与这些操作有关的更多信息并且对这些访客进行交叉对比呢？序列嵌入是一种强大的方式，能为我们提供灵活性，不仅可以对比任意两个单独浏览者整体操作的相似度，还可以预测他们的转换概率。序列嵌入实质上有助于避免使用传统的特征进行预测，并且不仅会考虑用户的操作顺序，还会考虑用户在每个单独页面上的平均耗时，以便将这些信息转换成更为鲁棒性的特征；跨多种用途(下一次可能操作的预测、转换与未转换对比、产品分类)的有监督机器学习中也会使用序列嵌入。基于序列嵌入这样的高级特性使用传统的机器学习模型，就可以实现极高的预测准确率，不过真正的好处在于，可以可视化所有这些用户操作，并且从中观察这些操作路径与理想路径的差异有多大。

　　本节将介绍在 PySpark 中为每个用户创建序列嵌入的过程。

9.11 嵌入

　　到目前为止，本章已经讲解了使用计数向量器、TF-IDF 以及哈希向量化这样的技术将文本数据表示成数值形式的方法。不过，上述技术都没有考虑单词的语义含义或者所出现位置的上下文。嵌入技术的独特之处在于，可以捕获单词的上下文，

PySpark 机器学习、自然语言处理与推荐系统

并且会以使用相似种类的嵌入表示具有相似含义的单词的方式来表示这些单词。计算嵌入的方式有两种：

- Skip Gram
- Continuous Bag of Word(连续词袋，CBOW)

这两种方式都可以提供嵌入值，这些值就是神经网络中隐藏层的权重。这些嵌入向量的大小可以是 100 或更大，这取决于需求。word2vec 会提供每个单词的嵌入值，而 doc2vec 会提供整个语句的嵌入值。序列嵌入类似于 doc2vec，它们是出现在语句中的个体单词嵌入的加权平均值。

下面使用一个样本数据集来阐释如何才能在用户的在线购物操作中创建序列嵌入。

```
[In]: spark=SparkSession.builder.appName('seq_embedding').
      getOrCreate()
[In]: df = spark.read.csv('embedding_dataset.csv',header=True,
      inferSchema=True)
[In]: df.count()
[Out]: 1096955
```

该样本数据集中的总记录大约是 100 万条，并且其中有 10 万个独立用户。每个用户在每个网页上花费的时间以及该用户是否购买了产品的最终状态也会被跟踪。

```
[In]: df.printSchema()
[Out]:
root
 |-- user_id: string (nullable = true)
 |-- page: string (nullable = true)
 |-- timestamp: timestamp (nullable = true)
 |-- visit_number: integer (nullable = true)
 |-- time_spent: double (nullable = true)
 |-- converted: integer (nullable = true)
[In]: df.select('user_id').distinct().count()
[Out]: 104087
[In]: df.groupBy('page').count().orderBy('count',
      ascending=False).show(10,False)
[Out]:
+-------------+------+
|page         |count |
```

152

```
+-------------+------+
|product info |767131|
|homepage     |142456|
|added to cart|67087 |
|others       |39919 |
|offers       |32003 |
|buy          |24916 |
|reviews      |23443 |
+-------------+------+
```

```
[In]: df.select(['user_id','page','visit_number','time_spent',
     'converted']).show(10,False)
```

[Out]:

user_id	page	visit_number	time_spent	converted
8057ed24427be18922f640b20b60997e7d070946b6c8f48117ae4d6dad0ebb23	homepage	0	0.16666667	1
8057ed24427be18922f640b20b60997e7d070946b6c8f48117ae4d6dad0ebb23	product info	0	0.4	1
8057ed24427be18922f640b20b60997e7d070946b6c8f48117ae4d6dad0ebb23	product info	0	0.31666666	1
8057ed24427be18922f640b20b60997e7d070946b6c8f48117ae4d6dad0ebb23	product info	0	0.6333333	1
8057ed24427be18922f640b20b60997e7d070946b6c8f48117ae4d6dad0ebb23	product info	0	0.15	1
8057ed24427be18922f640b20b60997e7d070946b6c8f48117ae4d6dad0ebb23	homepage	1	0.8333333	1
8057ed24427be18922f640b20b60997e7d070946b6c8f48117ae4d6dad0ebb23	product info	1	0.16666667	1
8057ed24427be18922f640b20b60997e7d070946b6c8f48117ae4d6dad0ebb23	product info	2	0.16666667	1
8057ed24427be18922f640b20b60997e7d070946b6c8f48117ae4d6dad0ebb23	buy	2	0.016666668	1
8057ed24427be18922f640b20b60997e7d070946b6c8f48117ae4d6dad0ebb23	added to cart	2	0.41666666	1

序列嵌入的整体理念是，将用户于线上操作期间进行的一系列操作步骤转换成一个页面序列，该页面序列可用于计算嵌入评分。第一步就是移除用户操作期间所访问的所有连续重复页面。我们创建一个额外的列来保存用户访问的上一个页面。Window 是 Spark 中的一个函数，它有助于针对数据集中个别行或多个行的分组来应用特定的逻辑。

```
[In]:w = Window.partitionBy("user_id").orderBy('timestamp')
[In]: df = df.withColumn("previous_page", lag("page", 1,
     'started').over(w))
[In]: df.select('user_id','timestamp','previous_page','page').
     show(10,False)
```

[Out]:

user_id	timestamp	previous_page	page
004e96d0dc01f2541b7e5be735da6321b15f797ded220d5f6fb9d66910b5ce88	2017-04-10 20:23:09	started	product info
004e96d0dc01f2541b7e5be735da6321b15f797ded220d5f6fb9d66910b5ce88	2017-04-10 20:26:23	product info	product info
004e96d0dc01f2541b7e5be735da6321b15f797ded220d5f6fb9d66910b5ce88	2017-04-12 14:12:40	product info	product info
004e96d0dc01f2541b7e5be735da6321b15f797ded220d5f6fb9d66910b5ce88	2017-04-12 20:49:33	product info	product info
004e96d0dc01f2541b7e5be735da6321b15f797ded220d5f6fb9d66910b5ce88	2017-04-13 12:18:12	product info	homepage
01158797281955155c5c6bbe7daaa368021adcc4eaf4b3794e1789b5ee412a34	2018-02-21 23:47:13	started	homepage
01158797281955155c5c6bbe7daaa368021adcc4eaf4b3794e1789b5ee412a34	2018-02-21 23:49:17	homepage	homepage
01158797281955155c5c6bbe7daaa368021adcc4eaf4b3794e1789b5ee412a34	2018-02-22 00:07:58	homepage	homepage
01158797281955155c5c6bbe7daaa368021adcc4eaf4b3794e1789b5ee412a34	2018-02-22 11:08:24	homepage	homepage
01158797281955155c5c6bbe7daaa368021adcc4eaf4b3794e1789b5ee412a34	2018-02-22 11:08:32	homepage	added to cart

```
[In]:
def indicator(page, prev_page):
  if page == prev_page:
    return 0
  else:
    return 1


[In]:page_udf = udf(indicator,IntegerType())
[In]: df = df.withColumn("indicator",page_udf(col('page'),
      col('previous_page'))) \
        . withColumn('indicator_cummulative',
        sum(col('indicator')).over(w))
```

现在，我们创建一个函数来检查当前页面是否类似于用户访问的上一个页面，并且在新的名为 indicator 的列中标记为同一页面。指标累计(indicator_cumulative)列会跟踪用户操作期间访问独立页面的次数。

```
[In]: df.select('previous_page','page','indicator',
      'indicator_cummulative').show(20,False)
[Out]:
```

previous_page	page	indicator	indicator_cummulative
started	product info	1	1
product info	product info	0	1
product info	product info	0	1
product info	product info	0	1
product info	product info	0	1
started	homepage	1	1
homepage	homepage	0	1
homepage	homepage	0	1
homepage	homepage	0	1
homepage	added to cart	1	2
added to cart	homepage	1	3
homepage	added to cart	1	4
added to cart	homepage	1	5
started	homepage	1	1
homepage	product info	1	2
product info	product info	0	2
product info	product info	0	2
product info	product info	0	2
product info	product info	0	2
started	product info	1	1

我们持续创建新的窗口(Window)对象，从而对数据进行进一步的分区，以便为每一个用户构建序列：

```
[In]: w2=Window.partitionBy(["user_id",'indicator_
      cummulative']).orderBy('timestamp')
[In]: df= df.withColumn('time_spent_cummulative',
      sum(col('time_spent')).over(w2))
[In]: df.select('timestamp','previous_page','page',
      'indicator','indicator_cummulative','time_spent',
      'time_spent_cummulative').show(20,False)
[Out]:
```

timestamp	previous_page	page	indicator	indicator_cummulative	time_spent	time_spent_cummulative
2017-04-10 20:23:09	started	product info	1	1	3.2333333	3.2333333
2017-04-10 20:26:23	product info	product info	0	1	0.08	3.3133333
2017-04-12 14:12:40	product info	product info	0	1	0.08	3.3933333
2017-04-12 20:49:33	product info	product info	0	1	0.08	3.4733333
2017-04-13 12:18:12	product info	product info	0	1	0.08	3.5533333000000002
2018-02-21 23:47:13	started	homepage	1	1	0.16666667	0.16666667
2018-02-21 23:49:17	homepage	homepage	0	1	0.06666667	0.23333334
2018-02-22 00:07:58	homepage	homepage	0	1	0.06666667	0.30000001
2018-02-22 11:08:24	homepage	homepage	0	1	0.13333334	0.43333334999999995
2018-02-22 11:08:32	homepage	added to cart	1	2	0.11666667	0.11666667
2018-02-22 11:10:08	added to cart	homepage	1	3	0.05	0.05
2018-02-22 11:10:11	homepage	added to cart	1	4	0.083333336	0.083333336
2018-02-22 12:31:58	added to cart	homepage	1	5	1.65	1.65
2017-12-09 21:35:03	started	homepage	1	1	0.25	0.25
2017-12-09 21:35:18	homepage	product info	1	2	0.1	0.1
2017-12-09 21:36:14	product info	product info	0	2	0.15	0.25
2017-12-09 21:36:23	product info	product info	0	2	0.33333334	0.58333334
2017-12-09 21:36:52	product info	product info	0	2	0.23333333	0.81666667
2017-12-09 21:42:31	product info	product info	0	2	0.21666667	1.03333334
2017-04-24 06:45:25	started	product info	1	1	0.15	0.15

在下个阶段，我们计算花费在类似页面上的聚合时长，从而仅保留一条记录就可以表示连续访问的重复页面。

```
[In]: w3 = Window.partitionBy(["user_id",'indicator_
      cummulative']).orderBy(col('timestamp').desc())
[In]: df = df.withColumn('final_page',first('page').over(w3))\
      . withColumn('final_time_spent',first('time_spent_
      cummulative').over(w3))
[In]: df.select(['time_spent_cummulative','indicator_cummulative',
      'page','final_page','final_time_spent']).show(10,False)
[Out]:
```

```
+-----------------------+----------------------+-----------+-----------+----------------------+
|time_spent_cummulative |indicator_cummulative |page       |final_page |final_time_spent      |
+-----------------------+----------------------+-----------+-----------+----------------------+
|3.5533333000000002     |1                     |product info|product info|3.5533333000000002  |
|3.4733333              |1                     |product info|product info|3.5533333000000002  |
|3.3933333              |1                     |product info|product info|3.5533333000000002  |
|3.3133333              |1                     |product info|product info|3.5533333000000002  |
|3.2333333              |1                     |product info|product info|3.5533333000000002  |
|0.43333334999999995    |1                     |homepage   |homepage   |0.43333334999999995   |
|0.30000001             |1                     |homepage   |homepage   |0.43333334999999995   |
|0.23333334             |1                     |homepage   |homepage   |0.43333334999999995   |
|0.16666667             |1                     |homepage   |homepage   |0.43333334999999995   |
|0.11666667             |2                     |added to cart|added to cart|0.11666667        |
+-----------------------+----------------------+-----------+-----------+----------------------+
```

```
[In]: aggregations=[]
[In]: aggregations.append(max(col('final_page')).alias('page_emb'))
[In]: aggregations.append(max(col('final_time_spent')).
      alias('time_spent_emb'))
[In]: aggregations.append(max(col('converted')).
      alias('converted_emb'))
[In]: df_embedding = df.select(['user_id','indicator_cummulative',
      'final_page','final_time_spent','converted']).groupBy
      (['user_id','indicator_cummulative']).agg(*aggregations)
[In]: w4 = Window.partitionBy(["user_id"]).orderBy('indicator_
      cummulative')
[In]: w5 = Window.partitionBy(["user_id"]).orderBy(col
      ('indicator_cummulative').desc())
```

最后，我们使用集合列表将用户访问过的所有页面合并成单个列表，对于访问时长也要做相同的处理。因而，我们最终会得到以页面列表和时长列表表示的用户访问过程：

```
[In]:df_embedding = df_embedding.withColumn('journey_page',
collect_list(col('page_emb')).over(w4))\
      .withColumn('journey_time_temp',
collect_list(col('time_spent_emb')).over(w4)) \
      .withColumn('journey_page_final',
first('journey_page').over(w5))\
      .withColumn('journey_time_final',
first('journey_time_temp').over(w5)) \
      .select(['user_id','journey_page_final',
      'journey_time_final','converted_emb'])
```

我们继续处理独立用户的访问过程。每个用户以单个访问页面和时长向量表示：

```
[In]: df_embedding = df_embedding.dropDuplicates()
[In]: df_embedding.count()
[Out]: 104087
[In]: df_embedding.select('user_id').distinct().count()
[Out]: 104087
[In]: df_embedding.select('user_id','journey_page_
      final','journey_time_final').show(10)
[Out]:
```

```
+--------------------+--------------------+--------------------+
|             user_id| journey_page_final| journey_time_final|
+--------------------+--------------------+--------------------+
|004e96d0dc01f2541...|       [product info]|[3.5533333000000002]|
|01158797281955155...|[homepage, added ...|[0.43333334999999...|
|020d29467c7810a85...|[homepage, produc...|   [0.25, 1.03333334]|
|032d6e8c20f41c18e...|       [product info]|       [2.329999975]|
|0377ebcf2ac8f8aef...|       [product info]|[1.0699999999999998]|
|03f484c3d0dc5afaf...|[homepage, produc...|[0.65000001000000...|
|040828e6773148d00...|       [product info]|       [1.430000006]|
|05bd9a73b6f61509e...|       [product info]|       [14.79999967]|
|068ea915e886eb11c...|[homepage, others...|[0.5, 0.5, 0.9799...|
|06a572f2d5e9d5c56...|       [product info]|              [0.56]|
+--------------------+--------------------+--------------------+
```

现在已经有了用户访问列表和时长列表，我们将这个 DataFrame 转换成 Pandas DataFrame，并且使用这些访问序列构建 word2vec 模型。首先必须安装 gensim 库，以便使用 word2vec。我们使用 100 这一嵌入大小以保持简单性。

```
[In]: pd_df_emb0 = df_embedding.toPandas()
[In]: pd_df_embedding = pd_df_embedding.reset_index(drop=True)
[In]: !pip install gensim
[In]: from gensim.models import Word2Vec
[In]: EMBEDDING_SIZE = 100
[In]: model = Word2Vec(pd_df_embedding['journey_page_final'],
      size=EMBEDDING_SIZE)
[In]: print(model)
[Out]: Word2Vec(vocab=7, size=100, alpha=0.025)
```

可以从中看出，词汇表大小是 7，因为我们正在处理 7 个页面类别。现在，这些页面类别中的每一个都可以借助大小为 100 的嵌入向量来表示：

```
[In]: page_categories = list(model.wv.vocab)
[In]: print(page_categories)
[Out]:
['product info', 'homepage', 'added to cart', 'others',
'reviews', 'offers', 'buy']
[In]: print(model['reviews'])
[Out]:

[ 0.47489035   0.53834176  -0.47785276  -0.26488945  -0.2656599   -0.04322785
  0.24362227   0.26430744  -0.48902759  -0.31393662   0.41263634   0.78189737
  0.58100605  -0.4459599   -0.70117044  -0.63221812  -0.6908192   -0.6791628
 -0.02506013   0.21131983  -0.02721698  -0.20559131  -0.78862274  -0.55389541
 -0.1507041    0.7149269   -0.24301411   0.29431018  -0.52848756  -0.500494
  0.16006927  -0.10355954  -0.36789769  -0.01349463  -0.40723842   0.15346751
 -0.79262614  -0.67456675  -0.18617149   0.69221032   0.53981733   0.75779319
  0.0573662    0.85435468   0.78063792   0.57342744  -0.16319969   0.46502107
 -0.09518502   0.60525858   0.31979162  -0.26889852  -0.12189896   0.65022558
  0.07857032   0.06138223   0.15626955   0.23680885   0.33999926  -0.54703128
 -0.21992962   0.83436728  -0.34557605  -0.69831383   0.4595826   -0.49346444
 -0.14114673   0.37797749  -0.70894194   0.55426389  -0.40428343  -0.67311144
 -0.46010655  -0.44518954   0.7340765   -0.04775194  -0.44416061   0.45019379
 -0.54332632  -0.48565596   0.093257    -0.5141685    0.24856164   0.39611688
 -0.15698397  -0.45113751  -0.15056689   0.75211751  -0.06628865   0.07008368
  0.46780539  -0.13114813  -0.61940897  -0.29163912  -0.3338908    0.40938324
  0.08697812   0.74824899   0.53244144  -0.20717621]

[In]: model['offers'].shape
[Out]: (100,)
```

为了创建嵌入矩阵，可以使用模型并且传入模型词汇表；这样就会生成一个大小为(7,100)的矩阵。

```
[In]: X = model[model.wv.vocab]
[In]: X.shape
[Out]: (7,100)
```

为了更好地理解这些页面类别之间的关系，可以使用维度降低技术(PCA)并且在二维空间中绘制这七个页面的嵌入图表。

```
[In]: pca = PCA(n_components=2)
[In]: result = pca.fit_transform(X)
[In]: plt.figure(figsize=(10,10))
[In]: plt.scatter(result[:, 0], result[:, 1])
[In]: for i,page_category in enumerate(page_categories):
        plt.annotate(page_category,horizontalalignment='right',
```

```
verticalalignment='top',xy=(result[i, 0], result[i, 1]))
[In]: plt.show()
```

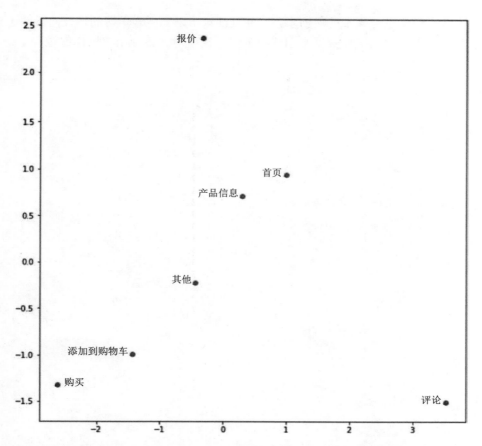

可以明显地看出，购买和添加到购物车的嵌入在相似度方面彼此接近，而首页和产品信息彼此也较为接近。在通过嵌入进行表示的时候，报价和评论是完全分离开的。这些个体嵌入可以被合并、用于用户操作过程的比较以及使用机器学习进行分类。

■ 提示：

可以从本书的GitHub仓库中获取源代码以及完整的数据集，最好基于Spark 2.3及其更高版本执行这些代码。

9.12　小结

本章介绍了进行文本处理的步骤，并且创建了用于机器学习的特征向量，还介绍了基于线上用户的操作数据来创建序列嵌入以便对比各种用户操作的过程。